ブッシュはなぜ勝利したか

岐路にたつ米国メディアと政治

金山　勉

花伝社

目次

はじめに――スイング時代からデバイド時代へ――

二〇〇四年の大統領選挙は現職のブッシュ大統領が再選されるという結果に終わった。民主党から立候補したマサチューセッツ州選出のケリー上院議員が現職のブッシュ大統領に挑んだが、接戦の末敗れたのである。前回、二〇〇〇年の選挙戦でも民主党が敗れており、民主党はこれで二連敗したことになる。また、米議会上院の野党にあたるマイノリティー党のリーダーだったサウスダコタ州のトーマス・ダシェル民主党上院議員も、大統領選挙と同時に行なわれた上院議員選挙で敗れた。すぐに、後任をハリー・リード上院議員に決めたものの、民主党の屋台骨と党内基盤は大幅に揺らいだ。一方の共和党は、選挙が終わってみると上・下両院において磐石の支配力を持つこととなった。

二〇〇四年の大統領選挙について米国のメディアなどを通じてみてくると二〇〇〇年の大統領選挙以上に民主と共和の対立による溝がさらに深まったように感じられた。米国はイラク復興支援の段階に入っても「テロとの戦い」を続けている。ブッシュ大統領は、イラク情勢が安定次第、派兵された米軍兵士たちを帰還させるとの考えを表明しているが、いつになるか見通しがたたない。

二〇〇五年一月、大統領専用機内で、大統領就任式を直前に、『ワシントン・ポスト』のインタビューに応じたブッシュ大統領は、「二〇〇四年大統領選挙自体が説明責任を果たす機会だった」と答え、「選挙戦を通じて、米国民はイラク情勢についてどのように対処すればよいか、異なった判断を下す二人の大統領候補の選択を行なった。そして、私を選んだのだ」、としている。ブッシュ大統領再選が果たされた二〇〇四年一一月に自ら退任を表明したパウエル国務長官は、米兵の展開規模は二〇〇五年中には縮小の可能性を示唆していたが、ブッシュ大統領はそのような判断をするには時期尚早であるとの考えを明確に示し、パウエル国務長官の考え方との相違を明らかにした（『ワシントン・ポスト（WP）』二〇〇五年一月一六日A1）。

アメリカの政治について、松尾弌之は『アメリカの永久革命』（二〇〇四年）の中で、ゆれ動きながら、現在進行形で走り続ける、未完の動体である、と表現している。確かに、共和、民主のどちらが大統領選挙で勝利するかによって、打ち出される政策の傾向が大きく異なる。民主党は社会に対する国家の関与を主眼に置いた政策を打ち出すのに対し、共和党は政府の介入は最小限に留め、基本的には自由主義市場の発想に根ざし、自助努力によって社会全体の体制を保持してゆくことを重くみる。この政治的バランスの間を行き来してきたのが米国であり、米国大統領を選ぶということは、このどちらかの政策を選択するということであった。二〇〇四年の大統領選挙は、その結果として共和党の勝利に終わったのである。

●共和党政治とは？

もっと具体的に考えてみよう。近年、メディアの大規模合併が続いてきたが、二〇〇〇年にインターネット大手のAOLと出版や映画などの老舗企業であるタイムワーナー社が一六五〇億ドル（一ドル一〇五円換算で一七兆三二五〇億円）の歴史上最も巨大な合併を試みた。このようなメディアの統合は、一般市民の多様なサービスの選択の余地を狭めることになるとの見方がある。これは民主党的な考え方であり、社会の中で提供されるメディアサービス全体をとらえ、メディアの資本がひとところに集まることを警戒する。このようなメディア資本の集中は公共の利益に反するという視点がここにはある。

一方、このようなメディア合併は基本的に市場活動の中の一現象だととらえ、結果として統合されたメディアが、より安価なサービスを提供でき、多様なサービスの選択があればよいと考えるのが、共和党的な考え方である。ここでは、すべての市民を視野に入れた公共性というニュアンスが薄くなる。つまり企業が提供するメディアサービスにアクセスできる消費者だけが利益を享受できるのであり、ここでは十分な可処分所得によって自由に選択ができる消費者の姿が前面に押し出されている。

ＡＯＬ・タイムワーナー社（現在はタイムワーナー社に改められている）の合併案件は、二〇〇一年共和党ブッシュ政権の誕生とともに認められるに至った。市場の力を十分に引き出すことを重視するという共和党政権の政策による後押しがあったからこそ、このようにスムーズな合併承認劇が展開されたと考えられる。

メディアに対する連邦政府の政策アプローチひとつをとっても、民主と共和のどちらの政権が担当するかによって、方針や政策の傾向が変わってくる。大統領選挙がどちらの勝利に終わるかによって、米国におけるメディア機関の活動にも影響を及ぼすことになる。

●活字メディアと電子メディア

米国の新聞や雑誌などのジャーナリズムは、広告と購読契約料収入に支えられた独自の運営を行っており、ジャーナリズム活動に関する自由度が高い。ニューヨーク・タイムズ社などをはじめとするリベラルなジャーナリズム機関は、社の意向として民主党ケリー候補の支持を公然と表明してもいた。

一方、公共の資源である放送周波数の割り当てを連邦政府から受けているテレビなどのメディアは、八年ごとに見直しが行なわれる放送免許事業という枠組みの中でジャーナリズム活動を行なっている。つまりテレビやラジオなどの電子メディア事業にはかなりの制約がともなうのである。とは言え、電子メディアが潜在的に持ち合わせている瞬発力をあなどることはできない。活字媒体を通じて得る情報は、情報の受け手である読者自身が、活字に込められた多様なニュアンスを読み込む、というていねいな積み上げ作業を経ない限り、的確な理解にたどり着くことがむずかしい。

活字メディアは、見出しの付け方などに知恵を絞り、読者の興味や関心、または報道の柱や視点を、ひと目で分かるような工夫をしているのだが、それでも電子メディアにはかなわない。動く画像や音声情報を受け取ることによって、そこに登場している人や物の動きが、それを見ている瞬間に、その場における事実であると思わせる点も特徴的である。現代の人々は、ますます多忙になり、腰を落ち着けて新聞などの活字メディアに接触することが減っている。一方、人々はテレビやラジオ、近年ではインターネットという電子メディアを生活の重要な一部に位置づけるようになってきた。

特に、政治とテレビメディアとの関わりが密接度を増してきたこの四〇年間、米国は多くの経験を積んできた。映像と音声によって瞬間的に、ある程度の印象を残し、メッセージを有権者に届けることができるテレビメディアをどのように有効活用すればよいか、ということが政治家サイドの大命題となってきたのである。

●テレポリティクス

米国では、テレビと政治の関係についての逸話として、未だに語り継がれているのが、一九六〇年大統領選挙戦でのケネディ（民主党）とニクソン（共和党）によるテレビ討論である。映像メディアを通じて、若々しいイメージを視聴者に伝えることに成功したケネディ候補は、以後の選挙戦を有利に展開したと言われている。それ以降、選挙でテレビメディアが果たす役割が大きいとみられるようになった。現在は、「テレポリティクス」といわれるようになっている。日本では、細川政権が誕生した際に、テレポリティクスの影響について人々が議論したことが記憶に新しいが、日本でもテレビと政治との関わりについて、折に触れて議論されるようになっているだけに、今回の大統領選挙について注目したいくつかの側面について、日本の状況とオーバーラップして考えることができる点もあるのではないかと思う。

二〇〇四年米大統領選挙では、イラク戦争後の復興支援に向けた継続的な米軍派兵、テロとの戦いと米国の安全保持、さらに低迷する経済状況の打開など、主要課題にどう対処するかについて、米国民の多くが関心を示した。二〇〇三年五月二日、ブッシュ大統領は空母リンカーンの艦上でイラク戦争の「戦闘」終結を宣言したが、イラク戦後復興支援のフェーズに入っても武装勢力の自爆テロや待ち伏せ攻撃が相次ぎ、出口のみえない「テロとの戦い」が続いている。

この事態をどのようにして収束に向けてゆくかについて、選挙戦ではほとんど毎日といってよいほどメディアで取り上げられた。また大規模な減税政策と長引く米軍の駐留によって膨らむ戦費が国家予算に与える影響、さらに米経済の低迷が影響して拡大を続ける財政赤字の克服などについても議論された。

●大統領選挙におけるテレビ、ラジオ、インターネット

本書は、二〇〇四年の大統領選挙とメディアの関係を、特にテレビメディアに注目して総括したものである。米大統領選挙の成功は、常に、メディア対策がいかにうまくいくかに関わっている。それだけに、選挙対策本部がどのようなメッセージを、どのタイミングで送るかということが各候補の優劣を決することにもつながる。テレビメディアが政治と本格的に関わってきた四〇年間は、三大ネットワーク局が中心的な存在だったが、今回二〇〇四年の選挙では、その既成概念が崩れていったとも考えられる。それは、米国の三大ネットワーク局の凋落とケーブルテレビの隆盛がクロスした結果だったとも解釈できる。

今回の大統領選挙戦報道をめぐって、ケーブルテレビに番組を供給するケーブルネット局の中に、共和党よりのメディアと民主党よりのメディアの切り分けが顕在化する現象もみられた。また、政府からメディアに対する直接・間接の圧力が働くことにより、ジャーナリズム活動自体が無意識に萎縮現象を起こしてしまったとも考えられる。

米議会の模様を中継放送するケーブルテレビのC-SPANはすでに二〇〇八年の大統領選挙に向けて、注目を集めているアリゾナ州選出のジョン・マケイン共和党上院議員が、現在のところ立候補するかどうかについては考えていないとの意向を表明したと報道、またインターネット上では二〇〇〇年に敗北した民主党のアル・ゴア前副大統領を再度大統領選に向けてもり立てようとする動きも見えはじめた。今回の大統領選挙報道とメディアの関わりの変容は、米国ジャーナリズム史の中でも、特筆される出来事と考える。本書が、米国大統領選挙に投影された米国メディアの課題を理解することに役立ち、調査報道に力を入れてきた米国ジャーナリズムが、どのように変容してゆこうとしてい

るのかについての理解する際の一助になれば幸いである。

米国は、ゆれ動きながら、現在進行形で走り続ける、未完の動体だとの指摘を紹介した。米国はある程度のところまで行き着いた先には、必ずゆり戻しがあるという意味を含んでいる。政治にしろ、その他の何にしろ、極端な動きは必ず引き戻されるという思いがあるからこそ、米国は、常に次の時代をみて存在し続けることができた。しかし、今回の大統領選挙では、ゆり戻しが実現されるような「スイング社会」が機能しないような状況が生まれたとも考えられる。つまり、社会全体がスイングするには、ある共通の土壌が必要で、少なくとも皆が同じ場所に立っているという点が事前に了解されていた。しかし、今回はテロとの戦い、イラクへの米兵展開など、国の中を縦に割るデバイドの動きが決定的に発生したように思う。だからこそ、大統領選挙が終わっても国の中は二つに割れたままなのだと感じさせる。

米国は本当にスイングする場所を失ったのか。メディアが実は、スイングするアメリカに縦の亀裂を入れてしまったのではないか。そういう思いから本書を書き進めていった。米国社会の一部分しかみていないため、議論の展開にも多くの困難がみられるが、二〇〇四年大統領選挙を首都ワシントンDCという政治の中心地で感じ取り、その中から浮かび上がってきた米国メディアの実相に関わる論点が、読者のみなさんにとってなんらかの参考になることを願っている。

I　二〇〇四年米大統領選の構図

共和党政権の継続か、民主党の復権か

クリントン民主党政権が一九九三年一月に誕生した。第三九代レーガン大統領が二期八年の任期を全うし、それをうけてレーガンのもとで副大統領だったジョージ・ブッシュ（父ブッシュ）が第四〇代大統領に就任し、四年の任期をつとめて再選をめざしていたが、これを阻止しての民主党大統領だった。一九九一年、イラクでの湾岸戦争に勝利してブッシュ政権に対する支持率は最高潮に達したが、その後の国内経済低迷などから、国内向けの政策に対する米国民の不満が噴出することとなり、戦勝で得た国民からの圧倒的な支持率という貯金を一気に吐き出させた。一九九二年の大統領選挙戦は国内景気回復を丹念に訴えたクリントン民主党候補に加え、実業家のロス・ペローという第三の候補が参入した影響もあり、共和党ブッシュ大統領は再選を果たせなかった。一二年にわたる共和党政権から民主党政権への交替だった。

八年後の二〇〇〇年大統領選挙では、父ブッシュ大統領の長男であるジョージ・ブッシュ・テキサス州知事が共和党候補として大統領選に挑戦した。民主党からは、クリントン政権で八年にわたり副

大統領をつとめて、実績をつんだアル・ゴアが出馬したが、接戦となった終盤に勝敗を左右したフロリダ州の投票と開票作業による混乱が、裁判にまで持ち込まれることとなった。最終的にはゴア候補が敗北宣言をして、共和党第四二代のブッシュ大統領が誕生することとなったのである。

●民主党候補ケリー

二〇〇四年七月六日、民主党の大統領候補として民主党内の争いを勝ち抜いたケリー上院議員は、選挙戦の鍵を握るとされたオハイオ州でランニングメイトの副大統領候補に南部ノースカロライナ州のジョン・エドワーズ上院議員（選挙戦に際し議員を辞めている）を指名すると発表した。この時二人は、信頼、家族、機会、責任という四つの言葉に含まれる価値観を大事にすると発表している。エドワーズ候補は、南部のブルーカラーの家庭に育ったが、高等教育を受けることによって法律家となり、大規模裁判案件に勝つなどして実績を残したことから、かなりの富を築いていた。テレビネットワークのトークショーに登場したエドワーズ候補は、政界版トム・クルーズと言われるほど、ルックスもよく、ケリー候補にとってはフレッシュなイメージを前面に押し出すことのできるパートナーだった。

民主党を支持するのは、一般的に教育水準の低い層であるとみられているが、一方で、大学などの高等教育機関を中心にした知識エリート層も強力な民主党支持基盤となっている。彼らは社会的に幅広い富の分配をもとめている。変革を望む知識層も民主党を支持する傾向がある。高い教育水準と富を得たケリーとエドワーズの両候補は、リムジン・リベラルといわれる富裕層に入る。

ケリー候補はコロラド州で生まれた。父親が外交に関係する仕事をしていたことから海外での生活も経験している。ベトナム戦争時には、みずから志願して従軍し、その戦績をたたえる勲章を受けたことをもって、選挙戦では戦う男のイメージで売り出そうとした。一方ケリー上院議員は、ベトナムから帰った後に、一転してベトナム反戦運動の先頭に立ち、無意味な戦争だったと訴え、議会でも証言している。このため、最後まで兵役を全うしたベトナム退役軍人の中には、ケリー候補に、軍への忠誠心を傷つける人物だとして反感をいだく人も多かった。マサチューセッツ州ボストンで起業し、また弁護士としても活動した後、一九八二年から州の副知事を務めた。一九八四年にマサチューセッツ州の上院議員選挙に挑戦してみごと当選を果たし、以来二〇年あまり、米議会に席を置いている。大学は、ブッシュ大統領と同じ、名門アイビーリーグのひとつであるエール大学を卒業している。

さてケリー候補について語る時、必ずひきあいに出されたのが、再婚した妻のテレーザ夫人である。テレーザ・ハインツ・ケリー夫人は、ペンシルバニア州のトマトケチャップ老舗メーカー、ハインツ社のオーナー夫人だった。一九九一年、上院議員を務めていた夫のハインツ氏が、不慮の航空機事故で死亡した。未亡人となった彼女は、その際、五億ドルに上る遺産を受け継いだとされている。一九九五年に、ケリー上院議員と再婚したが、大統領選挙戦を戦い抜くために不可欠な資金力の後ろ盾ともなっており、民主党が政権を奪回するためにも心強い存在だとみられていた。

●ブッシュ

再選に挑んだブッシュ大統領へは、選挙戦が本格化した後、イラク戦争やアフガン戦争による米軍兵力の継続的な大規模展開が続くことへの風当たりが強くなっていった。またイラクの復興支援に関連してチェイニー副大統領が、政権入り前の一九九五年から二〇〇〇年夏まで最高経営責任者（ＣＥ

O）を務めていたハリーバートン社が入札業者としてめだつ存在になっているなど、政府との深い関係づくりに関わっているのではないかとの批判があった。チェイニー副大統領は、一九八〇年代、ブッシュ大統領の父のブッシュ前大統領の下で、若くして国防長官に就任しており、共和党内でも保守色が色濃く出る政治家である。一九九一年の湾岸戦争を国防長官として指揮し、また今回のイラク戦争参入に際しても積極的に参戦を促す役回りを果たしたとされている。

大統領選挙が本格化してきた二〇〇四年七月時点では、ブッシュ大統領が再選を狙うには、ダーティーなイメージが先行するチェイニー副大統領ではなく、だれか他の候補を差し替える必要があるとの声が党内からもあがった。この際、ワシントン界隈ではコリン・パウエル国務長官（当時）、あるいは二〇〇〇年の共和党大統領選挙候補者指名レースにアリゾナ州から挑戦したジョン・マケイン上院議員の名前もあがっていた。しかし、ブッシュ大統領はぶれない態度を示した。

エドワーズ上院議員が、民主党の副大統領候補としてケリー上院議員の指名を受けた七月六日、ブッシュ大統領は、偶然にもエドワーズ議員の地元であるノースカロライナ州にいた。ブッシュ大統領は、前回二〇〇〇年の大統領選挙で同州の得票率が五六％と、民主党ゴア候補の四三％を大幅に上回り、圧勝していた。ブッシュ大統領はこの日、「（チェイニー副大統領は私に代わって）いつでも大統領の職務をこなす能力がある」と信頼感を込めた発言を行った。これには、同時に若いエドワーズ副大統領候補にはその能力がないとのニュアンスが込められていたのであり、民主党から副大統領候補として指名される見込みとなったエドワーズ副大統領候補の表舞台登場を皮肉ったものと受け止められた（『ニューヨーク・タイムズ（NYT）』二〇〇四年七月七日A14）。

一般的な理解として、再選を狙う現職大統領と副大統領は、大統領選挙では、そのまま党の候補として選出されると見込まれる。二〇〇四年七月六日、ケリー上院議員とエドワーズ上院議員のコンビで選挙戦を戦うと、挑戦者側の民主党サイドから明確な表明がなされたのと時期を同じくして、共和党のブッシュ大統領がチェイニー副大統領支持の発言を行なったことで、二〇〇四年の大統領選挙は実質的に本格化していった。

大統領選挙の資金集め

選挙戦には、大変な資金がかかるのも事実である。マスメディアなどへの選挙広告資金投入についてだが、連邦選挙委員会のまとめによると二〇〇四年大統領選挙に向けて選挙資金を集めたのは、共和党のブッシュ大統領、民主党のケリー上院議員、そして独立候補としての準備をすすめたラルフ・ネーダーである。

手短に三人の経歴を紹介し、集められた選挙資金額などを比較することとしたい。

（1）ジョージ・ウォーカー・ブッシュ

①一九四七年七月六日、コネチカット州ニューヘブン生まれ
②一九六八年エール大学卒業、一九七五年ハーバード大学（ＭＢＡ）
③一九六八年～七三年、テキサス州軍空軍の戦闘機パイロットとして操縦訓練を受け、同時にヒューストンで農機具セールス等の仕事に従事。
④一九八九年～一九九四年、米大リーグのテキサスレンジャーズ運営ゼネラル・パートナー。

⑤　一九九五年～二〇〇〇年、テキサス州第二六代州知事。
⑥　二〇〇〇年一二月一三日、第四三代米国大統領に当選。

（2）ジョン・フォーブズ・ケリー
①　一九四三年一二月一一日コロラド州オローラ生まれ。
②　一九六六年、エール大学卒業。
③　一九六六年～一九七〇年、米海軍勤務。この間、ベトナム戦争に従軍。
④　一九七六年、ボストンカレッジから法学博士号取得。
⑤　一九八二年、マサチューセッツ州副知事。
⑥　一九八四年、マサチューセッツ州選出上院議員当選。

（3）ラルフ・ネーダー
①　一九三四年二月二七日コネチカット州ウィンステッド生まれ。
②　一九五五年プリンストン大学卒業、一九五八年ハーバード大学法学士取得。
③　一九五九年から弁護士として活動開始、大学で教壇に立つ傍ら、一貫して消費者運動に従事。

ＣＮＮが連邦選挙委員会のデータをもとにまとめた資料によると、二〇〇四年大統領選挙戦で三候補が集めた金額は**表1**のようになる（"America Votes 2004" CNN.com 二〇〇四年一一月四日オンライン）。なお、ブッシュ、ケリー両陣営についてはパブリック・ファンドとして七四六二万ドルを

表１　2004年大統領選をめざした三候補の選挙資金

	獲得選挙資金額	選挙資金投入額
ブッシュ	2億7257万3444ドル（286億円）	2億5607万7640ドル（269億円）
ケリー	2億4930万5109ドル（262億円）	2億0437万6377ドル（215億円）
ネーダー	331万7004ドル（3億円）	331万6069ドル（3億円）
計	5億2519万5557ドル（551億円）	4億6377万0086ドル（487億円）

受け取っているが、これは計算に入れていない。

●想像を絶する選挙資金

大統領選挙に向けて集まった三候補への政治資金は、一ドル＝一〇五円の換算で（以下同じ）、ブッシュは二八六億円、ケリーは二六二億円、そしてネーダーはおよそ三億五〇〇〇万円となる。一方、これらの集められた資金をどれくらい使ったかであるが、**表1**のとおりでブッシュ・ケリー両陣営あわせて四八四億円の資金が投入されたことがみてとれる。

二〇〇四年八月、元ワシントン・ポストの記者で、ニクソン大統領の辞職につながる、いわゆるウォーターゲート報道に関わったカール・バーンスタインは、ワシントンDCでの講演で選挙戦全般に関する印象として、「米国で、連邦議会の議員になろうとすれば日常感覚では想像できないような選挙資金を集め続けなければならない」と指摘した。議会での議席を獲得するために活動資金を集めるシステムを編み出してゆくには相当の知恵と努力が必要だと話してもいる。つまり、いくら政治的なセンスがあり、現代の政治に対する慧眼を持ち合わせたとしても、集金力がなければ安定した政治家としての力量を発揮できないというのである。これは、後にも触れるが、今回の大統領選挙戦で投じられた、テレビ放送などに対する選挙広告投下のための法外な支出額などからしても推測できる。

ブッシュ・ケリー両陣営が集めた選挙資金額に注目してみると、両陣営で六億ドルに迫る額となる。本格的な選挙戦が始まった七月あたりから投票直前の一〇月末までの四カ月に、毎日、どれくらいの費用を振り出せるかを単純計算しても、両陣営あわせておよそ一日五〇〇〇万ドル、五億二五〇〇万円をあてることができることになる。

前の計算は大雑把な計算だが、もっと正確なイメージを得るために両候補そろって、大規模な選挙資金を投入した月をチェックしてみた。それによると、最大規模の資金投入が行なわれたのは、大統領選挙へ向けての活動が本格化した七月だとわかった。それぞれの投入額だがケリー陣営がおよそ三六五〇万ドル、ブッシュ陣営が四五八〇万ドルを投入しており、七月だけで両陣営が八二三〇万ドル、八六億円相当の投入となり、一日平均では、三億円近い資金がつぎ込まれている。

大統領選挙を勝ち抜くには、息切れすることなく日々投入できる巨額の選挙資金が必要だということである。過去にも党の候補者として勝ち残るための資金と、それ以降の大統領選挙に必要な資金を両にらみして、結局資金不足だと判断したために、大統領選への挑戦を夢半ばであきらめたケースもあるが、二〇〇四年大統領選挙戦の資金規模をみるにつけ、なるほどと思わせる。

大半が広告代金

このような、膨大な政治資金の使い道として、大きなウェイトを占めるのが、選挙広告である。特に、全米各地の放送局は、四年に一度の大統領選挙の年に、政治的なメッセージを含んだ選挙広告を放送することによって、特別な追加収入を得る可能性が出てくる。視聴覚に訴えかけるテレビメディアを選挙戦メッセージ伝達の有効なコミュニケーションと位置づける傾向は、今も変わっていない。テレビ向け選挙広告戦略は各陣営で中心的なものと位置づけられており、選挙期間中にこれに投じられる投入額は、大統領選挙と議員選挙の両方で一六億ドル、一六八〇億円に達するとも言われた。

米国では、テレビ局収入が二年周期でかさ上げされる。大統領選と議会の改選が伴う四年ごとと、その中間の議席改選時期である中間選挙期間中、テレビを通じた選挙広告の出稿が、全米のあちこちで集中的にみられるのである。過去の例をあげると、二〇〇二年の中間選挙では、ニューヨーク、ロサンゼルス、シカゴなどの三大都市を筆頭とする、大・中規模の五七三の放送局での選挙広告収入があわせて一〇億ドル（一〇五〇億円）を越えたという実績がある。これらの放送局は全体で一四九万七三八六回のスポット広告を流している。

このように選挙広告への投入資金が馬鹿にならないため、法によって各放送局ではもっとも安い広告放送料で選挙広告を放送することとなっている。政治に金がかかりすぎることを懸念する市民グループからは、選挙広告に対して放送局がもっと無料提供枠を出すべきとの意見もあがっている。

二〇〇二年、連邦議会の議員改選の目的で行なわれた中間選挙に投じられた広告額は、一九九八年中間選挙の四九九万ドルと比べると倍であり、大統領選挙が重なった二〇〇〇年の選挙広告投入額の七七一万ドルと比べても二五％のアップとなった。二〇〇四年の大統領選挙の額が一六億ドルに達するという見込額に対して計算すれば、二〇〇二年よりもさらに六割増しの選挙広告資金が投入されることになり、これを広告費として受け取る放送局は、かなり潤ったことはまちがいない（『ブロードキャスティング・アンド・ケーブル』二〇〇二年一一月一二日、二〇〇四年五月一〇日オンライン）。

●接戦州に集中する選挙広告

二〇〇四年大統領戦では接戦が予想される州での選挙広告の集中投入が前回以上に激しさを増した。アイオワ、ミズーリ、オハイオ、ウィスコンシンの注目四州と接戦必至州の合計一七州への選挙広告は、二〇〇四年三月三日から六月二六日までの間に、ブッシュ陣営が七万六八八回、ケリー陣営が七万二九〇八回にのぼった。これだけでは広告投入回数は互角だが、ケリー候補の後方支援として、リベラル、および反ブッシュ・グループが出した広告を加えると、ケリー陣営は一二万九〇二三回の広告投下となり、ブッシュ陣営を圧倒する（『ＵＳＡトゥデイ』二〇〇四年七月一二日Ａ１）。

選挙戦終盤、投票直前の二〇〇四年一〇月二四日から一〇月三〇日までの一週間の量も膨大である。ＣＮＮのまとめによれば、最終的な激戦州として絞り込まれた、オハイオ、フロリダ、ミシガン、ペンシルバニア、ウィスコンシン、アイオワ、ミューメキシコ、ネバダの八州を中心に集中豪雨的な選挙広告が投入された。総回数は五万七一九二回（平均八一七〇回）で、広告投入の総額はおよそ六一〇〇万ドル（六四億円）となる（“America Votes 2004” CNN.com 二〇〇四年一一月四日オンライン）。

ニールセン・モニタープラスとウィスコンシン大学広告プロジェクトの合同調査によれば、この広告投下戦略は、勝敗の帰趨の明らかな全米六割の州では選挙広告がほとんど投下されないという極端な結果を生むと指摘している（『ＷＰ』二〇〇四年七月一九日Ａ４）。

つまり、激戦区では、雨あられのごとく選挙広告が投入される一方で、勝敗が決定的となっている州では、ほとんど選挙広告が投入されないという現実がある（**図1**）。代表的な例で言えば、ハリウッドを背景にしたリベラルな土壌をもつカリフォルニア州は、民主党が圧倒的に強い。そのため、ここ

図1　激戦区に集中投下されるテレビ広告（数字は選挙人数）

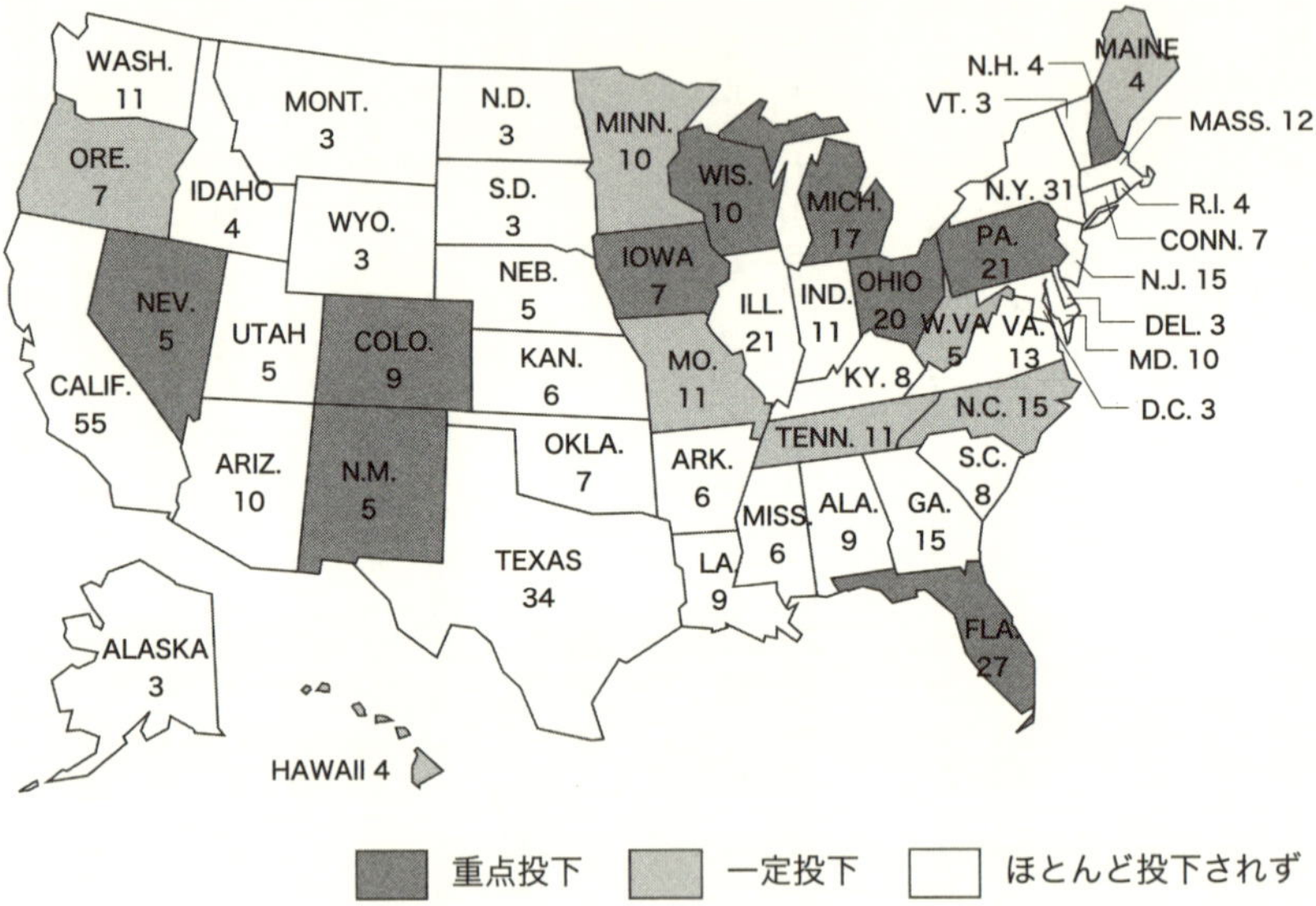

CNN,“America Votes 2004”

【州の略記】ALA. アラバマ／ALASKA アラスカ／ARIZ. アリゾナ／ARK. アーカンソー／CALIF. カリフォルニア／COLO. コロラド／CONN. コネティカット／D.C. ワシントンＤＣ／DEL. デラウェア／FLA. フロリダ／GA. ジョージア／HAWAII ハワイ／IDAHO アイダホ／ILL. イリノイ／IND. インディアナ／IOWA アイオワ／KAN. カンザス／KY. ケンタッキー／LA. ルイジアナ／MAINE メーン／MASS. マサチューセッツ／MD. メリーランド／MICH. ミシガン／MINN. ミネソタ／MISS. ミシシッピ／MO. ミズーリ／MONT. モンタナ／N.C. ノースカロライナ／N.D. ノースダコタ／N.J. ニュージャージー／N.M. ニューメキシコ／N.Y. ニューヨーク／NEB. ネブラスカ／NEV. ネバダ／N.H. ニューハンプシャー／OHIO オハイオ／OKLA. オクラホマ／ORE. オレゴン／PA. ペンシルベニア／R.I. ロードアイランド／S.C. サウスカロライナ／S.D. サウスダコタ／TENN. テネシー／TEXAS テキサス／UTAH ユタ／VA. バージニア／VT. バーモント／W.VA. ウェストバージニア／WASH. ワシントン／WIS. ウィスコンシン／WYO. ワイオミング

では、共和党サイドがあえて選挙広告のための資金を積極的に投入することはしない。一方のテキサス州は、ブッシュ大統領のお膝元で、民主党はこの州への選挙広告投入を控えている。

このような背景から、勝敗の先がおよそみえている州では、選挙広告が放送されないことになるのである。各陣営では、無駄な動きをなるべく排除し、時間をかけて練られた戦略のもとに、もっとも効率の良い形で貴重な選挙資金を投入することを心がけているのである。今日の政治は、その意味では市場マーケティングと深く結びついていることを示している。

テレビ討論でつまずいたゴア――二〇〇〇年大統領選

前回二〇〇〇年の大統領選挙はまれにみる接戦となった。情報スーパーハイウェイ構想の立役者として、また実務型の有能政治家としてクリントン政権の副大統領をつとめたゴア候補は自信満々であった。一九八〇年代に共和党政権下で大きく拡大した国内財政赤字は、再選を含めて八年間、大統領の職にあったクリントン大統領のもとで解消され、その路線を継承する民主党候補となった当時のゴア副大統領は、まさに大統領への道を邁進しているようにみえた。

現実は、大統領としての実績を持たない二人の候補による対決という構図だったのであり、副大統領として政権の中枢にあったことから、わが方が有利とみて、ブッシュ陣営を少々馬鹿にしてかかったゴア陣営はしっぺ返しを食うことになった。テキサス州知事を経験したものの、国内の政策などについては、まだ勉強をする必要があるとみられた当時のブッシュ知事は、選挙戦の間に三回開催されたテレビ討論会で、真摯な姿勢を貫いた。これに対し、ゴア候補は政策を語らせたら自分に勝る者はない、と印象づける戦略で、ブッシュ候補が一生懸命に政策について語っている最中に、公然とため息をついてみせたり、ブッシュの発言の最中に自ら歩み寄って高圧的な素振りをみせたりした。

テレビ討論会の一部始終をみた視聴者たちにとって、ゴア候補のこの態度はネガティブに映り、討論会後の調査では、真摯に自分の力量の範囲で大統領当選後の政策を語ろうとしたブッシュ候補に好感度を示す結果がでた。当初は大勝すると見られていたゴア候補の優勢ムードは一気にしぼんでしまったのである。米国民気質の中に、あまり知的な部分をひけらかすことに対して、反感が生じやすいという傾向がみられるが、ゴアはこれを見落としてしまったのではないかと思われる。

現代の米国大統領選挙では、活字メディアよりも、映像メディアをより意識しなければ選挙に勝つことはできない。話す内容はもとより、ネクタイの色使いなどを含む服装のコーディネーション、スピーチの内容、発言の間合いや最中の動作なども計算しつくされ、各候補はそれらのシナリオにそって忠実にこれをこなしていると考えてよいだろう。それだけ選挙参謀と選挙対策本部スタッフの綿密な連携による戦術展開が大きな影響力をもつのである。

大統領候補の指名を受けた二〇〇〇年の民主党大会以来、「皆さんのために戦う（Fight for You!)」と訴え続けた民主党のゴア候補は、ブッシュに対する高圧的な態度について軌道修正をして、挽回をはかったが、選挙開票の経過は接戦となり、結果はフロリダ州での投票用紙数え直しという事態に至った。フロリダ州での数え直し作業とその後の対応などを含めて、二〇〇〇年一一月の投票日から一カ月間、大統領当選者が決まらないという混乱が続いたが、連邦最高裁の判決を受けて、結局ゴア候補が敗北宣言を行なって共和党ブッシュ大統領が誕生した。

二〇〇〇年の大統領選挙では開票をめぐる混乱があったものの、もっと時間をかけてフロリダ州のゴア票を吟味すれば、もしかするとゴア大統領が誕生していたのではないかという思いが民主党の中にはいまだに漂っている。二〇〇四年選挙に際し、民主党ではすべての投票は最後までカウントされるべき、との教訓がいち早く叫ばれていた。臥薪嘗胆の思いでこの四年間を過ごしてきた民主党陣営にとって、二〇〇四年は願ってもない政権奪還の好機と映ったのである。ながびくテロとの戦いにどのように勝利するか、低迷する経済と米国内雇用の促進についてどのような処方箋を打ち出せばよいのか。今回は、十分、勝機があるとみた民主党陣営は充実した選挙態勢を整えるために、周到な準備を整えた。お手のものとなった、多くのハリウッド人脈の動員により、大衆の興味関心をひく戦術にも余念がなかった。

民主・共和両党の選挙キャンペーン体制

米大統領選挙は、民主党の候補者指名を獲得するための予備選挙を勝ち抜いたケリー上院議員が、同じく指名争いを争って敗れたノースカロライナ州選出のエドワーズ上院議員を副大統領候補に指名した。今回の副大統領指名をもっとも早く知らされたのは、インターネットにアドレスを登録したケリー支持者たちであった。七月六日にケリー候補がエドワーズ上院議員から副大統領候補としての内諾を得ると、一時間も経たないうちにネットを通じて、「エドワーズ副大統領候補指名」の知らせがかけめぐった。今回の選挙戦ではインターネットの活用により、選挙戦を効率的に進めようとする動きが加速したが、ケリー候補はこの流れをいち早くつくったのである。民主党陣営では、携帯のデータベース入力端末を選挙区にお目見えさせ、これを有権者に示して、新手のテクノロジーへの興味・

関心をひきながら、支持者の情報を蓄積していったのである。二期目をめざす共和党のブッシュ大統領は、長引くイラクへの米兵駐留や米経済の低迷など、マイナスの要因をかかえて守勢に回るであろうとの見方が強かった。これを何とか挽回するためにも、共和党サイドでは、あらゆるテクニックを活用した選挙戦略を対民主党向けに繰り出す必要があった。

●スピンコントロール

前回二〇〇〇年に引き続き、白熱した選挙戦を支えたのが各党の選挙対策本部だった。選挙戦の最中にメディアを通じてどのようなメッセージが送られているかを的確に把握し、自らの陣営に不利な状況が起きた場合、または起きそうな場合は、これにいち早く対応することが任務である。自陣営に不利だと判断され、防戦一方となりそうな場合は、違った方向や、違った論点をカウンターとして提示し、そちらに注意をそらすというテクニックも使われる。一般的にこのようなテクニックのことをスピンと呼び、これを意のままに操ることを「スピンコントロール」と名づけている。

イラク戦争に勝利したという、力強いイメージを前面に押し出す戦略で、さらにテロとの戦いに引き続き取り組み、米国をより安全な国にするとして戦時の大統領をアピールするブッシュ大統領。他方、ベトナム戦争に自ら志願し、そこで得た勲章が物語る輝かしい軍歴は、米国を適切な道に導く大統領にふさわしいとするケリー候補。選挙戦の裏側では、各陣営が相手候補のスピーチを細かに分析し、また、相手候補がメディアを通じて有権者の心をつかもうとする政治的メッセージが、これまでの候補の言動と不一致がないか、個人の履歴などについても落度がないか徹底的に調べ上げ、これに素早く対応する選挙キャンペーンチームが編成され、休みなく作業を続けていた。各党の選挙対策室では接戦が予想される州への集中的なテレビ・コマーシャルの投入合戦も検討された。

ワシントンDC郊外、ポトマック川をはさんだ対岸のバージニア州アーリントンにあるブッシュ陣営の選挙対策室では、イラクへの米軍継続派兵、テロ対策の遅れ、それに経済と雇用の低迷など、民主党サイドからの相次ぐブッシュ再選阻止を狙う、批判メッセージへの対応に備えていた。同時に対策室ではケリー候補のすべての演説をくまなく分析して対抗メッセージを検討し、主要メディアにむけて発進した。部屋には一五個のテレビモニターが並び、メディアを通じて刻々と伝えられる自陣営の候補と相手陣営の候補の動静について、スタッフが交代で休みなく各局映像をモニターしていた。

例えば、ブッシュ大統領がイラクおよびアフガニスタンへの米軍派兵費用として八七〇億ドルの予算承認を連邦議会に求めた際、民主党ケリー候補が「エドワーズ副大統領候補とともに、反対票を投じたことを誇りに思う」と発言したことに目をつけた共和党選対は、すぐにこれを「無責任な投票行動」であったと位置づけ、電子メールなどを通じて主要メディア機関に向けて情報発信した。これに呼応するように通信社のAP、ケーブルニュース・チャンネルとして頭角を現してきたフォックスニュース・チャンネル（FNC）、米国の世論を牽引する役割を果たしている『ワシントン・ポスト』、『ニューヨーク・タイムズ』、それに米国唯一の全国紙である『USAトゥデイ』がこの主張を掲載したのである（『NYT』二〇〇四年七月一四日A1）。

ジャーナリストの中には、ブッシュ陣営からの情報提供にそってケリー候補の発言内容に注目することに当惑する者もいたそうだが、プロのジャーナリストをして、取り上げるかどうか迷わせるほど魅力的なメッセージ発信がブッシュ陣営の選挙対策室で周到に計画されていたと言える。

これほどまでに綿密なコミュニケーション戦略を展開した選挙対策室の原型は、一九九二年に民主党クリントン陣営が構築したものであるとされている。民主党では一九八八年の大統領選挙でデュカキス候補が父ブッシュ陣営からのネガティブ・キャンペーンに屈したことを受け、同じ失敗を繰り返さないために、「防御型」の体制を作りあげた。しかし、今回選挙でブッシュ陣営が作り上げたのは、「クリントン・モデル」を基本にして、さらにそれを発展させた「攻撃型」の体制である。もちろんケリー陣営も同様の選挙対策室を開設しているが、一般的な評価では、完成度の高いブッシュ陣営の方に分があるとされていた（『NYT』二〇〇四年七月一四日A18)。

このような情報戦を嫌ってか、民主党のエドワーズ副大統領候補は二〇〇四年七月二八日の民主党大会演説において、ネガティブなキャンペーンをやめてもっと前向きな論争をしようとよびかけたが、これはとりも直さず共和党選挙対策室の、強固で攻守両用のメディア・キャンペーン体制が民主党サイドに脅威を与えた証でもある。

●ファクトイド

マスコミ学の中で、メディアと社会変容についていろいろな側面から分析する際に、「ファクトイド(事実もどき)」という概念に注目することがある。例えば、テレビカメラに対して「A候補は本当に、信念がぐらついていて、決断力がないんだよね」と影響力のある有名な評論家が呼び掛けたとする。すると、その時点で、そのテレビ番組をみていた視聴者（大衆）は、仮にそんなことが有り得るかと、一部に疑いをもっていたとしても、信じるに足ると判断してしまう傾向がある。このように、A候補の真実について誰も知らない場合、社会的に影響力のある誰かが、マスコミを通じてメッセージ発信した場合、これはファクトイドと化すことになる。本当は、A候補は、思慮深くて、最終的な決断を下すまでに、迷う傾向があり、しかし、一端決断したら、猪突猛進で頑張りぬく人だとしても、である。

この源流はナチス時代のプロパガンダに遡ることができるかもしれない。事実と違うと言って、本人がいくら否定しても、マスコミという媒体を通じて情報が伝わった瞬間に、既成事実として大衆が信じてしまうのがファクトイドの怖いところである。ブッシュ政権が「イラクに大量破壊兵器(Weapons of Mass Destruction＝WMD)はある」と繰り返し、イラク戦争への参戦を正当化するという局面があったが、これはその例にあたるだろう。確かに、だれも最終的な確信があるわけではないし、証拠として何かが出てきているわけでもない。しかしながら、「ならずもの国家」のリーダーとされ、極悪非道のイメージが世界中のメディアによって伝えられたサダム・フセイン大統領ならば、きっと「WMD」を製造し、隠し持っているに違いないという点を指摘されれば、信じるに足るくだりとなる可能性が高いのである。現に、米国の多くの人々が、選挙戦後半になっても多くが「WMDはある」と信じていたことは事実である。このような戦略性をもったメッセージの伝達を説得力あるものにするのは、日本語で言うところの「ぶれない態度」だろう。

●サダム・フセインが大量破壊兵器？

メディア報道を通じたイメージ形成と、これをもとに進められる政治的な大衆説得キャンペーンには、一貫性がなくてはならない。そして、仮に、矛盾が出た場合は、基本線は維持しながらも、一時的に、大衆の興味や関心をそらすことにより、矛盾点への集中的な攻撃をかわすことができる。戦争終結宣言後のイラクで、米軍は「WMD」の発見に全力をあげたが、調査などを通じて大量破壊兵器があったとは思われないとの見解が第三者から示された際、ラムズフェルド国防長官が、「サダム・フセイン自身が大量破壊兵器なのだ」というような発言をしたが、この瞬間に論理的な矛盾が生じたと批判されはじめるだろう。無機物である「ＷＭＤ」と生身の人間であるフセインとを直接結びつけることは、大変な無理があるわけで、論理破綻の傷口が広がることになる。

その意味では、この後のフォローアップ戦略としてとられた共和党サイドのメッセージ発信のロジックはみごとだった。サダム・フセインが権力の座から追放されたことによって、より安全な社会を手にいれることができた、というニュアンスを前面に出した点は、有効なリカバリーショットとなったであろう。共和党選対では、ラムズフェルド国防長官の発言を逆手にとって、大衆を説得するための攻めのメッセージ発信を行なったと理解できる。つまり、矛盾点についての弁解に終始する、防御型の戦略をとるのではなく、さらに攻撃型の戦略に打って出たのである。凶悪な人物は、まさに生きた破壊兵器である、というイメージの結びつけを、論理的な説明を越えて積極的に行なったと解釈できる。つまり、凶器にもふさわしいフセインが追放された。フセインが権力者としてイラクにいなくなったということは、武器が存在しない社会を実現したということにつながる、というロジックへ展開してゆき、これによって有権者を納得させる情報環境を整備していったと読める。

II　テレビから見た二〇〇四年大統領選

アメリカのメディア環境変化

●ニュースアンカーたち

二〇〇四年大統領選挙に際して、テレビのネットワーク局が十分に機能していたかどうかという点についてひも解いてゆきたい。この点を適切に理解するには、米国放送メディア環境の変化について基礎的な理解をしておくことが重要になると思われるので、少し遠回りになるが、テレビメディアをとりまく、ここ四〇年間くらいの変化について簡単にまとめておきたい。

米国大統領選挙の中で、一九六〇年代以降、テレビメディアが大きな役割を果たすようになってきた背景には、選挙戦で、多くの場合有権者でもあるテレビ視聴者による、テレビメディアに対する圧倒的な支持が存在していたことが背景にある。ネットワーク報道の象徴となるのが、商業ネットワーク局のニュースアンカー（News anchor）たちであった。一九六〇年代のニュース全盛時代を牽引してきたのは、CBSニュースのアンカーを務めたウォルター・クロンカイトである。クロンカイトの逸話をひとつあげておこう。

ながびくベトナム戦争についての取材を終えて、帰国した後、クロンカイトは、画面に向かってベトナム戦争の継続に対する疑問をカメラに向かって語りかけたことがあった。ニュースアンカーが個人の考えを表にすることは大変まれなことだった。全米の視聴者の「信頼」という看板を背負い、決して個人的な見解を口にしないアンカーがこのような発言をしたことに、多くの人々が衝撃を受けた。一人のニュースアンカーの発言が、ベトナム戦争に対する政府の態度を、直接変えたとは思えないが、この発言が、時のジョンソン大統領がベトナムからの米軍撤退を決断する際に影響を与えた可能性について、いまだに語り継がれていることは確かである。

社会的に影響力を持つとされるニュースアンカーを抱えるテレビ局のイブニング・ニュースは、クロンカイト時代から四〇年の間に大きく様変わりした。米国の商業ネットワーク局は、①クロンカイトなどの名物キャスターを擁したCBS、ABC、NBCからなる三大ネットワーク局、②一九八〇年代に参入してきたフォックス、そして③一九九〇年代中盤に登場した最後発のネットワーク局であるワーナー・ブラザーズ・テレビジョンネットワーク（一九九五年）、ユナイテッド・パラマウント・ネットワーク（一九九五年）、パックス・テレビ（一九九八年）の三グループに分かれる。

現在、米国には七つの商業テレビネットワークが存在することになる。これに加えて、公共放送局のパブリック・ブロードキャスティング・サービス（Public Broadcasting Service＝ＰＢＳ）が全米に向けて放送を続けている。これら七つの全米ネットワークと公共放送のチャンネルが提供する全米向けニュースのうち、中立・公正で、信頼されるニュース報道の象徴として君臨してきたのが三大ネットワーク局のイブニング・ニュースとそれらニュース番組の顔であるニュースアンカーたちであった。

表2　メジャー・ネットワークニュースを支えるアンカーたち

	ネットワーク	イブニング・ニュースのタイトル	ニュースアンカー
商業放送局(三大ネットワーク局)	NBC (National Broadcasting Company)	NBC Nightly News	トム・ブロコウ。1940年サウスダコタ州生まれ（64歳）。メイン・アンカー歴22年。2004年12月1日をもって降板。後任は新鋭ブライアン・ウィリアムズ。
	ABC(American Broadcasting Company)	ABC World News Tonight	ピーター・ジェニングス。1938年カナダ・オンタリオ州生まれ（66歳）。メイン・アンカー歴22年。
	CBS（Columbia Broadcasting System)	CBS Evening News	ダン・ラザー。1931年テキサス州生まれ(73歳)。メイン・アンカー歴24年。2005年3月降板。
公共放送局	PBS（Public Broadcasting System)	News Hour	ジム・レーラー。1934年カンザス州生まれ(70歳)。アンカー歴29年。

ここでは、簡単に三大ネットワーク局と公共放送局のイブニング・ニュース番組タイトル、それにメインのニュースアンカーを**表2**にまとめてみた。ニュースアンカーたちは、日々放送するニュース項目を決める場合に大きな影響力を持つ、いわゆる総編集長としての役割も果たしている。

その意味では、彼らはニュース画面に登場して原稿を読むだけではなく、その日世界中で起きた無数の出来事の中から、いったい何を伝えるべきかについて徹底して考え抜かなければならない立場にある。三大ネットワーク局の御三家アンカーたちは、それぞれが二〇年を越えるキャリアを誇る。それぞれが、ネットワーク局の顔としての誇りを持ち、また自分たちが米国の放送ジャーナリズムを牽引してきたという意識も強い。それだけに、年間の報酬も法外に高い。このところつねにニュース視聴率のトップを獲得し、二〇〇四年大統領選後に引退したブロコウに至っては、年間一〇〇〇万ドル（一〇億五〇〇〇万円）と見込まれている。ブロコウは二〇〇四年一二月をもって降板し、新鋭のブライアン・ウィリアムズ（二〇〇四年時点で四五歳）にバトンタッチした。

●アンテナのある家庭は少数派

米国の放送事業の規模についても簡単に解説しておく。全米のテレビ視聴世帯は一億九五九万一七〇世帯（二〇〇五年一月）である。このうちケーブルテレビ放送を契約している世帯が七三五七万五四六〇世帯で、全テレビ視聴世帯の六七・一％を占めている。さらに衛星放送を契約しているテレビ視聴世帯は二三〇〇万世帯を超え全世帯の二〇％にあたる。つまり、全米のテレビ視聴家庭は、一般的にみて八五％程度が衛星放送やケーブルテレビ放送を通じて、テレビ放送を受信していることになる。

報道に関する社会的な影響力という意味で、米国が日本との比較で大きく違うのは、日本の家庭では、いまだに圧倒的多数のテレビ視聴家庭が、家庭のテレビアンテナで放送をみている点である。加えて、米国のPBS公共放送サービスは、地道な報道活動を継続してきたことによって、PBSアンカーのジム・レーラーのような傑出した人材も出てきている。それは、過去の大統領選挙のテレビ討論会司会者としてレーラーが何度も指名されたことからもうかがえる。しかし、公共放送サービス事業だけをみれば、PBSの視聴率は商業ネットワークとくらべて格段に低く、また予算規模も小さい点で、日本の状況と大きく異なる。つまり、大多数の視聴者をターゲットにする際には、米国では商業ネットワーク局のニュース報道が基幹的な役割を果たすことが期待されるのである。

米公共放送サービスは、教育省などからの公共放送サービス事業に対する基金や、放送番組制作に対する企業スポンサーからの制作費支援、それに放送ビデオの売り上げなど、すべてを連結しても日本の公共放送を担うNHKの足下にもおよばない。収入規模は二〇〇三年で四億九八〇〇万ドル（およそ五二三億円）、二〇〇四年でも五億一七〇〇万ドル（およそ五四三億円程度）である。NHKが視聴料収入に主に頼ることによって六七〇〇億円規模（平成一五年度六七三八億円および一六年度六七八五億円実績）で、年々事業を運営している点から考えれば、ＰＢＳは予算規模では一〇分の一、また番組制作の能力や技術力などは比べ物にならない。ＰＢＳの予算規模はＮＨＫの受信契約及び受信料を集めるための収納経費（八一八億円）よりも小さいのである（「ＮＨＫ平成一六年度収支予算と事業計画」参照）。

二〇〇四年、大統領選挙期間と時期を同じくして、三大ネットワーク局の副社長レベルと面会する機会があったが、米国のネットワーク局が、常に、念頭に置く日本の放送局は、民放ではなく、ＮＨＫであるという点は興味深かった。米国の三大ネットワーク局の首脳が常に意識し、技術的なノウハウを蓄積した放送機関として評価しているのは、ＮＨＫだという現実がある。

表3　米国テレビ放送に関するファクトシート

テレビ視聴世帯	10959万	(1)
ケーブルテレビ契約世帯	7358万	
衛星放送契約世帯	2344万	
テレビ局総数	1748	(2)
ケーブルテレビ局総数	8875	(3)
衛星放送局総数	4	(4)

(1) 2005年1月1日現在
(2) 2004年9月現在 FCC 調べ
(3) NCTA2004年レポートより
(4) SBCA データソースより

米国の放送について特に覚えておかなければならないのは、テレビのアンテナを家庭に設置して受信している世帯が少数派だという点である。この二〇年余りの間でみられたケーブルテレビの発展はめざましく（**表3**）、米国のテレビ・ジャーナリズムにも影響を与えている。地上波（電波）によって番組を伝送しアンテナで受信される、いわゆる地上波放送のネットワーク・ニュース報道とは別に、ケーブルを通じてニュース報道を行なう、ケーブルネットワーク局が力をつけてきたことは特筆される。

例としてあげられるのは、一九八〇年に放送を開始し、二〇〇五年で二五周年を迎えたケーブルニュース・ネットワーク（Cable News Network= CNN）、一九九六年にCNNに追いつけ、追い越せ、を合言葉にスタートしたフォックス・ニュースチャンネル（Fox News Channel ＝FNC）、それに同じく一九九六年、マイクロソフト社とネットワーク局のNBCが出資して立ち上げたMS・NBCの三つがもっとも顕著な例である。

ケーブルニュースの特徴は、一週間のうち七日間、一日二四時間、休みなくニュース報道を続けている点である。一九八〇年代、ネットワークニュースが全盛だったころ、CNNが開始した二四時間のケーブルニュース・ネットワークのコンセプトは酷評された。三大ネットワーク局は、そのような事業はいずれだめになるので勝手にやらせておけばよいと判断し、見下していた。しかし、ケーブルを通じてテレビを視聴する世帯が七割近くに達するようになった米国社会では、ケーブルのニュース専門チャンネルが与える影響を無視できなくなった。むしろ、三大ネットワーク局のニュース報道を凌駕するまでになったと言えるだろう。CNNに至っては、世界各国の指導者、ビジネスリーダーたちが必ず視聴するチャンネルにまで成長した。

既存の三大ネットワークニュースが、十分に準備を重ねた上で、一日の総仕上げとして、夕方の「三〇分間」で内容勝負をすると意気込むイブニング・ニュースを放送するのとはまったく違うコンセプトだが、時々刻々変化する状況を知るには、ケーブルニュース報道へチャンネルを合わせるのが一番の方法という傾向が高くなっているのである。同時に、映像のインパクトが強い報道内容をみせる傾向が加速し、話題性があり、継続して長く視聴したくなるようなニュース制作を行なう流れが中心になってきている。

二〇〇二年六月、ニュースを専門とするCNN、スポーツ専門のエンターテインメント・スポーツ・ネットワークなどの、ケーブルネットワーク専門局が制作する番組をみる人たちの全体シェアが五〇%を越えるという一大転機が訪れた。地上波放送の黄金時代である一九七〇年代には三大ネットワーク局の番組視聴シェアが九〇%を誇っていたことを考えると、地上波放送の大幅な地盤沈下を象徴する出来事であった。米国民の信頼を集めるニュースアンカーを抱える三大ネットワーク局は、今回の大統領選挙報道において、地盤沈下をさらに加速させることになったのである。

●焦点のフォックス

今回の大統領選挙であわせて注目されたのは、第四のネットワークであるフォックスだった。フォックスは、一九八〇年代、多くの独立した局を束ねる求心力を持ち合わせた放送局として台頭した。後発の局として、番組戦略は若者をターゲットとしたものにしぼった。また、時のレーガン共和党政権と近い関係にあると指摘もされ、放送局事業を運営してゆく上で、かなり有利な場を占めることができたとみられている。地上波放送のネットワークキャスターとして傑出したキャスターはいないが、一九九六年にケーブルチャンネルとして立ち上げた傘下のフォックス・ニュースチャンネル（FNC）が、二〇〇四年の大統領選挙戦報道では大躍進を果たしている。

フォックスニュースの母体は、オーストラリア出身のメディア王と言われる、ルパート・マードックが牽引するニューズ・コーポレーションだが、政治的には共和党よりだという点は、多くの人々が知るところであり、またタカ派の番組ホストやコメンテーターを多く抱えることでも有名である。前回二〇〇〇年の選挙でも、接戦となったフロリダ州に対して、早々に民主党のゴア大統領候補に選挙人獲得確実を出した三大ネットワーク局を尻目に、一転、フロリダ州ブッシュ勝利を報道して、一気にブッシュ当選のムードができ上がってしまったという過去を持つ。つまるところ、現ブッシュ政権を誕生させるための、社会的ムードをつくりあげることに貢献したメディアだともみられる。このフォックス効果については、本書の中でも後に詳しく取り上げたい。

二〇〇四年大統領選であらわれた三つの課題

米国メディア環境の大きな変化の中で、今回の大統領選挙キャンペーン報道に関わったテレビメディアが抱え込んだ課題のひとつに、自分たちが謳歌してきた「取材・報道の自由」の後退という問題がある。日々の取材・報道活動において、メディア機関として、どれだけ「フェアでバランスがとれているか」を常に意識しなければならず、常に細心の注意を払ってことにあたる必要があるという基本姿勢が、改めて問われることとなった。一方で、フェアでバランスがとれた報道を行うべきメディアの一角が、極端に保守化することにより、リベラルだとされたメディアのよって立つ場所が、ますます保守的な境界へ横軸移動するという結果もみられたのである。

これまでの一般的な考え方として、メディアは、常に、時の権力と対峙するものであり、ジャーナリストは皆、言論と表現の自由について、それがいかに大切なものであるかを認識してきたと信じている。本書の冒頭でも触れたが、放送電波を、八年ごとの免許更新によって連邦政府から割り当てられている放送事業のジャーナリズムは、新聞や雑誌などのプリントジャーナリズムと比べて格段に自由度が低くなる傾向がある。一方でテレビジャーナリズムは、映像と音声を駆使して、視覚的にもインパクトのあるニュースレポートやドキュメンタリーを制作し、放送できるという点で、多くの人々に政治的な課題や話題を伝えることができると考えられる。

その意味で、テレビメディアは、政治報道を通じて、時に政治家のイメージ伝達者としての存在価値を社会に示してきたと考えられるだろう。米国と日本でも、時を同じくして放送に携わるものの責任や倫理に関わるさまざまな事案についての議論が行なわれている点は、ただの偶然とは思えないほどの時期の一致をみせている。

●カーブレポート公開放送

大統領選さなかの二〇〇四年九月二〇日、国務省エリアにキャンパスを展開するジョージワシントン大学では、ナショナル・プレスクラブ、ハーバード大学と連携して、同大学のマービン・カーブが司会を取り仕切る、「カーブレポート」の公開放送を企画した（図2）。司会のカーブは、CBS、NBCニュース、さらに政治トークショーのNBC「ミートザプレス（報道関係者を招いて）」のモデレーター（司会）を経て、ハーバード大学に転じた論客であり、この対談企画の司会キャリアだけをみても、すでに一〇年を超える。この日のゲストは、公共テレビ放送局（PBS）で「ニュースア

図2　カーブ・レポートのチラシ

「ジム・レーラーと語る」

(2004年9月20日、ナショナル・プレスクラブ)

ワー」のアンカーを務め、ニュース報道歴四五年を数えるジム・レーラーであった。レーラーは、今の米国ジャーナリズムの中では、もっともバランスがとれた人物との評価がある。

カーブは、二〇〇四年七月六日、民主党の大統領候補ケリー上院議員が、エドワーズ上院議員を副大統領候補として指名して以来、メディア報道について筆者が個人的に疑問に思ってきたポイントを、レーラーにぶつけてくれた。このカーブとレーラーのやりとりをヒントに、以下、二〇〇四年大統領選でメディアが抱え込んだ課題を、筆者なりに取り上げてみたい。

第一は、大統領選挙キャンペーン報道に関連して、テレビ報道が本当に有権者のために機能していたかどうかという点である。

第二に、二〇〇四年九月八日にCBSテレビが「六〇ミニッツ」のスクープとして報じた、ベトナム戦争当時のブッシュ大統領の軍歴疑惑の問題である。CBSは、報道の根拠として入手した四つの文書からなる「キリアン・メモ」が本物かどうかについての指摘に対し、これを本物と証明できず、謝罪した。報道の中心となったキャスターのダン・ラザーは、CBSイブニング・ニュースのキャスターであり、一般的に、ニュースの信頼性そのものという評価がある。しかし、今回の事件で、これが根底から覆ったのであり、米国ジャーナリズムの信頼性低下とバランス感覚についての議論が続いている。

第三に、ケーブルチャンネルのフォックス・ニュースチャンネル（FNC）が、急速に力を伸ばしてきたことについて、三大ネットワーク局がどのように対処すべきかという点である。三大ネットワークの全盛時代は過去のものとなったのか。すでに、ネットワークニュースは、現代の恐竜となってしまったのか。ケーブルのFNCに真のジャーナリズム性が期待できるのであろうか。

ここでは、最初に紹介した二〇〇四年九月二〇日の「カーブレポート」の中で示されたニュースアンカー、レーラーの発言メモ、新聞報道記事、テレビ報道の録画テープなどを基礎資料として、筆者なりにこれら三つの問題について考えてみたい。

党大会中継を縮小させた三大ネットワーク

本格的な米国大統領選挙に向けて、民主、共和をはじめ、その他の政党は大統領候補を選出するための党大会を開催するのが常である。はじめての党大会が開催されたのは一八三〇年代であった。テレビの全盛時代を前に、一九四八年、フィラデルフィアでは、党大会を試験的にテレビ中継する試みが行なわれ、一九五二年から、民主、共和の二大政党の党大会がテレビ中継されるようになった。各党は、テレビ時代の到来とともに、家庭で党大会の中継を視聴する人々に広く声を届けることができることを知り、大会をより魅力のあるものとするよう努力しはじめた。

一九五六年から一九七六年までの二〇年間にわたり、ネットワークテレビ局は四日間にわたる党大会を完全中継していた。公共放送システムが発達していなかった米国で、公共的な役割を担ったのが三大ネットワークだったのである。当初の党大会中継は、筋書きのないドラマをみているようであり、家庭で視聴する有権者にとっても興味深いものだったが、映像と音声の影響力が大きいと感じ取った各党では、大会プログラムの内容のハイライトをテレビ視聴率が高くなる午後七時から一一時のプライムタイム（ゴールデンアワー）に設定するなどテレビ用の工夫を始めた。同時に党内のごたごたが放送されるのを嫌って、なるべく良いところだけを党大会でみせようと演出するようになったのも、テレビが党大会の進行に影響を与えた結果だと解釈できる。

その後、一九八〇年代にはいると、党大会の中継の長さは、テレビ局がニュース価値がどれくらいあるかによって自由裁量でどれくらい放送するかを決めるようになり、これ以降中継時間は減少の一途をたどるようになった。本来、筋書きのないドラマを党大会中継に期待していた視聴家庭に向けて放送することに意義があった党大会のテレビ中継は意味合いを変えた。一九八〇年代以降は、ネットワークテレビ局が一線のジャーナリストとニュース・アンカーを投入して視聴率獲得競争を展開することが目的となり、ニュース報道も、演出や視聴者の興味に沿う展開を模索するようになったのである。その意味では、テレビ局と党大会の関係も当初の意図から大きく離れてきたと考えられる(musium.tv "Presidential Nominating Conventions and Television" 二〇〇五年一月三〇日オンライン)。

CBS、NBC、ABCの三大ネットワークテレビ局は、二〇〇四年の民主・共和両党の党大会報道に関連し、専用の中継時間枠を、前回二〇〇〇年の党大会中継に準ずる縮小体制にすることとした。ネットワーク局は、それぞれ四日間の党大会期間中、共和党大会(八月三一日から九月二日まで)については一日一時間の合計四時間、民主党大会(七月二六日から七月二九日まで)は二日目は放送せず、三日間の各一時間ずつ合計三時間放送することを決めている。放送時間帯は、プライムタイムに設定され東部時間では午後一〇時から一一時の間放送された。この時間帯であれば、同じ国内で三時間の時差があるカリフォルニア州など西部で同時中継したとしても、午後七時からの生放送が可能である。

フォックス・ネットワークはニュース時間帯の中で党大会の模様を伝える形式をとった。その一方

郵 便 は が き

料金受取人払

神田局承認

4719

差出有効期間
平成19年3月
1日まで

101-8791

507

東京都千代田区西神田
2-7-6川合ビル

㈱花　伝　社　行

お名前《ふりがな》　　　　　　　　電話	
ご住所（〒　　　） (送り先)	

●新しい読者をご紹介ください。

お名前　　　　　　　　電話	
ご住所（〒　　　）	

愛読者カード

このたびは小社の本をお買上げ頂き、ありがとうございます。今後の企画の参考とさせて頂きますのでお手数ですが、ご記入の上お送り下さい。

書　名

本書についてのご感想をお聞かせ下さい。また、今後の出版物についてのご意見などを、お寄せください。

●購読注文書　ご注文日　　年　　月　　日

書　名	冊　数

代金は本の発送の際、振替用紙を同封いたしますのでお支払い下さい。（3冊以上送料無料）

なお、御注文はＦＡＸ（03－3239－8272）でも受付けております。

で、ケーブル部門のフォックス・ニュースチャンネル（ＦＮＣ）は、ＣＮＮ、さらにＮＢＣ傘下のニュースチャンネルであるＭＳ・ＮＢＣとともに、午後から深夜にわたり必要に応じて党大会の様子をフルにカバーしていた。多くの時間を割くことが理想とされる党大会中継とこれに関連する報道については、ケーブルネットワーク局がすべての日程に関わる姿勢をみせたと言える。

三大ネットワークテレビ局がみせた、党大会中継に関する縮小傾向は前回二〇〇〇年の党大会中継から顕著になり、放送時間は一九九六年と比べると、その三分の一の分量である。今回の縮小された党大会中継について、唯一差が見られたのは、政権党の共和党の方が、民主党よりも、党大会中継の時間が一時間長くなった点である。「日本的な政治的公平」感覚に慣れ、私自身も一九八〇年代末からニュースキャスターとして、放送する時間などもばらつきがないよう気を配った経験から、なるべく同じ条件で中継しなければ問題が起きるのではないかということも頭をよぎったが、基本的にはそれぞれの党大会を中継していれば、そこまで細かいことに注意を払わなくともよい、というのが米国流の一般的な解釈である。

例えば、私のような、素朴な疑問や意見をもった人が、コメントを寄せることができる機関が米国には存在する。米連邦通信委員会（Federal Communications Commission ＝ ＦＣＣ）である。ＦＣＣは、テレビ、ケーブルテレビ、ラジオ、衛星放送、インターネット、それに電話にいたるまで、電子的なメディアについて、通信法に照らして規制・監督を行なっている。日本で言えば、総務省（旧郵政省）が果たしている役割とオーバーラップすると考えてよい。

ブッシュ大統領が、はじめて大統領に当選した際、一番に行なったのが、ＦＣＣ委員長の任命だった。一九九一年湾岸戦争時の統合参謀本部議長、コリン・パウエル（前国務長官）の長男である、共和党のマイケル・パウエルが委員長に指名され、二〇〇一年から四年間にわたりこの職にとどまった。米国では、一九九〇年代にクリントン大統領が民主党政権の目玉とした「情報スーパーハイウェイ構想」を打ち出し、米国に通信革命の波を起こしたが、ブッシュ大統領が就任後、すぐに行なったFCC委員長の指名は、ブッシュ政権もクリントン政権にひきつづき、米国内経済の起爆剤として放送や通信産業をまとめてゆくことが重要だとの意思を表明する狙いがあったと言える。

連邦通信委員会は、委員長を含む五名の委員で構成される（**表4**）。委員の間でも、市場を最優先するべきとする共和党委員と、公共の利益に沿うべく国民福祉向上のために放送が機能すべきとの考えに立ち、メディアに対する過度の資本集中には反対するという民主党委員の対立構図が必ず存在する。コンテンツの内容に関する判断では、性的、暴力的に過ぎるメディア・コンテンツについては、社会的に悪い影響を及ぼすという観点から、民主党サイドの方が厳しい規制の姿勢をとる傾向が強かった。

ＦＣＣ内部でも、二〇〇四年大統領選挙の前半の山場となる各党大会のネット局による報道姿勢は、戦時において大統領候補を選出する一大イベントにしてはモチベーションを欠き、さらにその報道の仕方においてもバランスを欠いていると映ったようである。

今回、三大ネットワークによる党大会中継の消極的な取り組みについてFCCのマイケル・コップス委員（民主党）は、「この選挙戦で、民間放送局に投入される選挙広告費用は一五億ドル（一六五〇億円相当）にものぼるとみられる一方で、公共の電波を使用する放送局が大統領選挙に関する政治的メッセージを市民に十分届けようとしていないことは、公共の利益に反する」と懸念を表明した（『NYT』二〇〇四年八月三〇日）。また、パウエル委員長も、「地上波放送（ネットワークテレビ局）はもっと何かできたのではないか」との意見を表明した（『ダウジョーンズ・ニュースワイヤー』二〇〇四年九月一五日）。

カーブレポートにまねかれたPBSのジム・レーラーの発言を紹介しておこう。公共放送局（PBS）では、三大ネットワーク局と比べればはるかに予算規模も劣るだろうが、党大会中継の時間に関しては、ネットワークが計画した放送時間をはるかに上回る一日三時間の割合でこの模様を伝えた。三大ネットワークが今回の各党大会報道への熱意が欠けていたのではないかと問うた司会者のカーブに対し、レーラーは「勝手なことを言えば、三大テレビネットワーク局が熱心に報道しなかったことで、私の局に視聴者が流れてきて助かった」とやや皮肉混じりに前置きした上で、以下のように本音をさらけだした。

「三大ネットワーク局はケーブルテレビ局や議会チャンネル（C-SPAN）が自分たちの放送しない間も伝えてくれるのだからいいだろうなどと言っているが、大変なまちがいをしたと思うんだ。四年ごとに大統領を選ぶということは、とても神聖なことなんだ。もっと真剣に取り組むべきだ。いい加減にしろよと言いたい」と思わず怒りを爆発させた。

有権者に訴えかける基幹的なメディアである三大ネットワーク局の首脳は、自分たちがそれほど頑張らなくとも、全米の七割近くに普及しているケーブルのニュースチャンネルが時間を割くので、そちらにチャンネルをあわせるから十分だと、いろいろな局面で反論してきたが、実際はケーブルテレビ・サービスを契約できない三五〇〇万世帯が、各党大会で、それ

表４　連邦通信委員会（FCC）（委員５名で構成）

委員長	共和党	パウエル
委員（4名）	共和党２名	アバナシー マーティン
	民主党２名	コップス アデルスタイン

※ 2004 年末現在

ぞれの大統領候補や党の要人が訴えかけるメッセージに触れることなく取り残されるという点についての明確な説得論理を持ち合わせてはいない。

ただ、これら党大会の模様はお決まりのイベントであり、この模様を放送することにどのような意味があるかという点では、すでにあきらめのムードが視聴者の間にあることも事実である。三大ネットワーク局の代わり映えしない中継スタイルに視聴者が飽きていること、党大会は、テレポリティクスの時代にあわせて、すべて時間通りにプランされ、それが計画通りに実施されていることから、特に驚くような内容が期待されず、テレビ局側は党大会中継の視聴率がとれないというジレンマを抱えている。

以下は各党大会の中継についての概要である。

●民主党大会

民主党大会（マサチューセッツ州ボストン、二〇〇四年七月）の三大ネットワーク局の党大会特別放送時間は、東部時間の午後一〇時から一一時までであった。二日目は放送せず、毎日、それぞれ一時間大会の模様を中継した。フォックス・ネットワーク（地上波放送）は、ニュース時間枠（午後一〇時から一一時）の中で、民主党大会の模様を中継している。放送のなかった二日目のこの時間帯は、二〇〇四年大統領選挙と時期を同じくして実施された連邦議会議員選挙で、イリノイ州から上院議員選挙へ立候補した、バラク・オバマのスピーチがあった。

結果的に、オバマはみごと当選して、上院議員となった。ネットワーク局が、なぜ、この二日目だけを中継しないことにしたかについての理由は定かでないが、党大会の模様をくまなく伝えたＣＮＮ

などケーブルネットワーク局は放送の中で、民主党の将来を担う新星による力強いスピーチが放送されなかったとしてネットワーク局の熱意のなさを批判した。ネットワーク局が中継した最終日のケリー候補の演説も、放送終了時間にぎりぎり間に合うかどうかのきわどい放送体制であった。結果として、ケリー候補のスピーチ全部が時間内に収まったのでことなきをえたが、放送の裏で気をもんだネットワーク局関係者は胸をなでおろしたことだろう。

●共和党大会

共和党大会（ニューヨーク、二〇〇四年八月）では、初日から四日目まで、三大ネットワーク局は東部時間の午後一〇時から一一時まで放送した。しかしながら、二日目、共和党で歯に衣着せない発言で人気を得ている、アリゾナ州選出のマケイン上院議員（前回ブッシュ大統領と党大統領候補指名を争った）の演説が放送できなかった。

共和党大会の主催側が、放送時間帯に合わせなかったともみることもできるが、同時に、前回二〇〇〇年に続いて示した、党大会中継の縮小体制により、つまり「番組編成」の都合で、ネットワーク局の視聴者にとってはインパクトのある演説が聞けなかったという解釈も成り立つ。

最終日、ブッシュ大統領の大統領候補受諾演説は、放送時間終了を予定していた午後一一時を回っても終了しなかった。ネットワーク局は、急遽予定していた番組時間帯をはずして、そのままブッシュ大統領の演説を流し続けた。さすがに現職大統領の演説を、「番組の途中ですが、そろそろここでお別れします」とカットすることはできなかったのだろう。午後一一時以後は、各ローカル局のニュース時間帯だが、ネットワーク局が各系列局との間で必死の調整作業をして放送を続けたと思われる。

●ネットワーク局がケーブルニュース局に負ける

このような中で、視聴者は、すでにネットワーク局に視聴者のためになる放送の姿勢がないことを感じとり、多くがケーブルチャンネルや、公共放送局の中継に流れていったとみることができる。ネットワーク局の民主党大会中継視聴率もかんばしくはなかったが、ついに、共和党大会の中継では、ネットワーク局の視聴率がケーブルニュース局のフォックス・ニュースチャンネル（FNC）に負けるという現象が起きたのである。

二〇〇四年九月七日付『ウォール・ストリート・ジャーナル』によると、ブッシュ演説のあった九月二日（木曜日）、FNCの視聴世帯は七三〇万で、NBCの五九〇万、ABCの五一〇万、CBSの五〇〇万、CNNの二七〇万、MS・NBCの一七〇万を引き離してトップになっている。また、前日（チェイニー副大統領演説の日）の視聴数は、FNCが五九〇万で、この数は地上ネットワーク局のCBS（二六〇万）とABC（三三〇万）の視聴数を合わせた数となった。なお、NBCは四五〇万であった。選挙情報を流すことにおいては、かろうじて中心的な役割を演じていると評価されてきた三大ネットワーク局は、みずから消極的な姿勢を示すことにより、その座をケーブルネットワーク局に明け渡したとみることもできる。

「カーブレポート」に登場したPBSのレーラー発言などを総合してみよう。

近年の政治報道の中にエンターテインメント性が急速な勢いで浸透していること、またそれが視聴者獲得の目的としてのコマーシャリズムに拍車をかけていることについて、レーラーは繰り返し強い危惧を示していた。プライムタイムに党大会を大々的に放送するよりも、他のドラマやスポーツ中継そして、エンターテインメント番組を編成する方が、視聴率もとれるし、よほど収益があがるという論理が先行しているというのである。というのも、三大ネットワーク時代が一九八〇年代から退潮傾向にはいり、ケーブルテレビへの視聴者大移動が始まったことが原因だろう。

三大ネットワーク局は、信頼性のおける取材情報を駆使しながら、どのような背景のもとで出来事が発生しているのかをきちんと報道するべきで、そのようにしてこそ報道への信頼が保たれるということを絶対忘れてはいけない、とレーラーは力説していた。

ケーブルテレビへの視聴者移動を背景に、黄金時代を存分に楽しんだ大手のネットワークニュースの状況は、筆者の目にも左前の困難な状況に転じたと映る。信頼ブランドのネットワークニュース報道も、今や視聴者の信頼を獲得し続ける安定領域から、一歩出て、人々が興味関心を持つようなスキャンダラスな内容を追い求める傾向が出てきた。その中で、地道な取材活動についてのこだわりがどこかで置き去りにされていることも、米国社会では繰り返し指摘されてきた。二〇〇四年、一連の大統領選挙報道の中でも、とくに党大会中継への取り組みにおいて、ネットワーク局の消極的な姿勢と同時に衰退がめだったのである。

CBS軍歴疑惑報道——ラザーゲート

CBSアンカーのダン・ラザーは、ネットワークニュース報道における信頼性の象徴となっていた。ところが二〇〇四年九月八日、CBSテレビが「六〇ミニッツ」(水曜版)のスクープとして報じたベトナム戦争当時のブッシュ大統領の軍歴疑惑報道は、ダン・ラザーに大きなダメージを与えることとなった。

軍歴報道の中であげられた疑問は、一九七〇年代前半、ジョージ・ブッシュ氏がテキサス州軍の空軍パイロットとして訓練をうけていたが、その後アラバマ州兵に転出となった際に、適切に任務を果たしていたかどうかという点であった（『NYT』二〇〇五年一月一一日二〇〇五年C7）。CBSニュースのスタッフが報道の根拠として入手した四つの文書からなる「キリアン・メモ」のうち、三つが報道に使用されたが、これらが本物と証明できるかどうかについての指摘に対し、これを証明できず、ダン・ラザーは、後にCBSイブニング・ニュースの番組中で謝罪するに至った。

CBSの広報対応も後手にまわった。苦しまぎれの言い訳を上塗りする結果となり、結局ダン・ラザーが、二〇〇四年九月二〇日のイブニング・ニュースで謝罪することになったが、その時点ではすでに連邦議会でも問題視する声があがっていた。二〇〇四年九月二八日、テレビ局関係者が一同に集まる、全米テレビ経営者協会（Association for Maximum Service Television＝MSTV）の年次大会に講師として招かれた、米連邦議会下院、商業委員会のバートン委員長（共和党・テキサス州選出）は、ダン・ラザーがニュースアンカーと編集長の両方をつとめていることを批判する意味で、「（ニュース報道に関する）安全基準が存在しない」と発言した。バートン委員長は、米国の放送に関する議員立法などにも積極的に関わってきており、この時点で、選挙が終わったら、議会としてもCBSに対してなんらかの政治的アクションを起こすことを示唆した（Mediaweek.com 二〇〇四年九月二八日オンライン）。

その後、CBS報道についての「CBS独立調査委員会」が立ち上げられ、二〇〇五年一月一一日に、以下のような留意点が示された（『NYT』二〇〇五年一月一一日C6）。

(1)　経営上層部は、取材源の中から、放送時に名前を公表できない人物についての関連情報を知っておくべきである（疑惑報道において、文書の入手の際に情報源となった人物の信頼度に関するチェックが上層部で十分行なえなかったため）。

(2)　外部からの批判や批評が予測される報道事案については、制作に関わっている第一当事者以外にも、ニュースレポートの正当性をチェックできる立場の人物を入れること(問題となったニュース報道に関して、特定の限られた人物しか関わっていないため、正確性のチェックに手落ちが出た)。

(3)　すべての報道発表、一般会見においては、ニュースの趣旨をふまえて、一貫性をもった基準を定め、これにそうこと。

(4)　「六〇ミニッツ」の番組とは独立したポジションとして、上席スタッフを置き、この人物は、すべての調査報道関連レポートを放送される前にチェックする義務を負うこと。

概して、独立調査委員会から、ＣＢＳの放送は報道の事実関係に問題があり、番組制作のプロセスにおけるプロフェッショナリズムに欠けるとの評価を下されたことになる。ラザーはすでに、関連の責任をとる意味で二〇〇五年の三月でアンカー降板を発表したが、加えて番組を担当したプロデューサーのメリー・メイプスが解雇、ベッツィ・ウェスト上席副社長、ジョシュ・ハワード・エグゼクティブ・プロデューサー、さらにメリー・マーフィ上席放送プロデューサーら三人が退職勧奨を受けた。

大統領選挙戦最中にも、このラザーゲートは余波を及ぼした。平日午後四時半からワシントンＤＣ

にあるジョージワシントン大学オーディトリアム（テレビ・スタジオ）では政治トークショーのCNN「クロスファイア」が生放送されているが、ブッシュ氏の軍歴疑惑報道に関して、民主党サイドの陰謀だとの声、いや共和党サイドが引っ掛けたにちがいないとの声が、番組司会者からあがっていた。確かに、ことと次第によっては、ブッシュ大統領の信頼性のイメージが大きく揺らぐことにもなるわけであり、この報道が信頼にたるものでなかったという評価が下ったことで、ブッシュ大統領再選への基盤が固まっていったとも言える。逆にブッシュ大統領に批判的なメディアは動きづらい雰囲気に包まれたのである。

このように話題性を含んだ題材だったからこそ、CBSニュースの担当プロデューサーは急いで放送したかったのだと考えられる。秋の番組シーズン本番を迎えた「六〇ミニッツ」の第一弾として放送するため、二〇〇四年九月二九日の放送を九月八日に繰り上げることを求めてこれを実現している。これは番組のよりどころとなる資料を手に入れて三日後に放送するということであり、確かに注目度は高かっただろうが、担当プロデューサーとこれを後押ししたラザーは、功をあせったとしか思えない。

また、報道の中心となったアンカーのダン・ラザーへの信頼性が根底から覆った。しかし、これは一日にしてなったとは考えがたい。一九九三年放送中に民主党クリントン大統領に対して、アンカーとして踏み越えてはならない好意的な、ともすればおべっかとも思えるような発言をし、また二〇〇一年にはテキサスの民主党での選挙資金集めのために講演を引き受け、報道マンとしての倫理を完全にふみ超えてしまったことなどが指摘されている（『ブロードキャスティング・アンド・ケーブル』二〇〇四年一〇月四日34）。

ネットワークニュース報道の後退

「カーブレポート」で見解を求められた、ＰＢＳアンカーのジム・レーラーはＣＢＳダン・ラザーの先走り報道で、すべてのジャーナリストがダメージを受けたと発言した。「あれほどのジャーナリストがなぜあのようになったのか、信じられない」とする一方で、「自分が信じるものにそって報道しようとしたことがこのような結果を生んだのではないか。それは大変危険なことなんだ」と落胆の気持ちを隠さなかった。

司会者のカーブが二〇年前、人々はニュースが信頼できるか、との問いに五六％が同意したが、二〇〇二年には三五％にまで低下したとの調査結果を示したことに対し、レーラーは「ニュース報道において、私たちは、百％の完璧を求めなければいけない。それにもかかわらず、ここのところジャーナリズム側の態度はあまりに勝手で、一般の人々に自分たちのことをしっかり説明しようとしてこなかったんだ」とジャーナリズムの責任についても言及している。

別のデータをあげておくと、ギャロップ社の調査では、ニュースメディアが「公正で、正確な報道を行なうと思うか」と聞いたところ、四四％がこれを支持している。一九九七年から二〇〇三年の間に同様の調査を行なったところ、これを支持する答えは、五一％から五五％の間にあった。半分以上の人々がすでに、ニュース報道には信頼性を置いていないということを示している（『ブロードキャスティング・アンド・ケーブル』二〇〇四年九月二七日18）

もしジャーナリストが、これまで視聴者や読者に対して、日常の報道・編集活動についての理解を促進する努力をしていれば、今回のＣＢＳ報道に対しても、ある程度の理解を得られたとも考えられるが、時すでに遅く、ラザーが画面で謝罪をした後にも、後ろ向きの反応が続いた。ＣＢＳとラジオネットワークの提携を結んでいたバージニア州ノーフォークのＷＮＩＳ（ＡＭ局）が、二〇〇四年九月二三日、ＡＢＣネットワーク系列へ乗り換えると発表した。ノーフォークは軍港を抱える保守的な土地柄であり、共和党ブッシュ選挙キャンペーンに影響するＣＢＳ報道への説明が不足であるとして、放送局に苦情が殺到したことがこの事態を招いたとみられる（『ブロードキャスティング・アンド・ケーブル』二〇〇四年九月二三日オンライン）。信頼という「ブランド力」は、これを築きあげるのにとてつもなく長い時間がかかるが、これを吹き飛ばすのはあっという間である。

Ⅲ　フォックスの躍進

フォックス誕生の背景

　ネットワークテレビ局ＣＢＳのアンカーを襲ったラザーゲートを横目にみながら、二〇〇四年大統領選挙報道で躍進をとげたのが、第四のネットワーク局であるフォックスと兄弟関係にあるケーブルニュース局のフォックス・ニュースチャンネル（Fox News Channel＝ＦＮＣ）である。

　ここでは、まずフォックス・ニュースチャンネルの後ろ盾となったフォックス（正式名称はフォックス・ブロードキャスティング・カンパニー）誕生の背景について述べておきたい。一九八五年、オーストラリアの出版実業家であるルパート・マードックは、三大ネットワーク局との系列関係を持たない六つの独立放送局を手に入れた。場所は、ニューヨーク、ロサンゼルス、シカゴ、ワシントンＤＣ、ダラス、そしてヒューストンであった。マードックはこれに加えて、ネットワークの系列下にあるボストンの局も買収している。どの都市も、大規模なテレビ視聴家庭を抱えており、これらのエリアを総合すると全米の二〇％のテレビ視聴世帯をカバーできることになった。またこの時期までに、映画会社の二十世紀フォックス・フィルムを買収し、ネットワーク設立後のコンテンツ供給体制を整えていった。

その後のフォックスの快進撃はめざましく、テレビ局をまとめて所有・経営していたニュー・ワールド・コミュニケーションの獲得、さらに全米から絶大なる人気を得ているプロ・フットボールリーグの中継権を獲得するなどの実績を残している。視聴者の獲得には、魅力あるコンテンツ、いわゆる「キラーコンテンツ」を手に入れるか、自ら育て上げることが必要との戦略で成長を続け、一九九七年には、時に番組編成の成功も手伝って三大ネットワーク局の視聴率レベルにまで成長したのである。

このような成長神話を継続すべく、一九九六年に立ち上げたのがフォックス・ニュースチャンネル（FNC）だった。ABCニュースから引き抜いた、ジャーナリスト歴三三年を数えるブリット・ヒュームをアンカーに立てて、積極的な売り込みをはじめた。番組の普及促進策として、FNCを伝送してくれる番組供給ケーブル会社に対して、前払い金を払うなどした結果、あっという間に一七〇〇万世帯に普及した。同じ一九九六年に立ち上げた、スポーツ専門のフォックス・スポーツ・ネットも二〇〇〇万契約を超えている。

フォックスの戦略は、顧客を獲得するためにはまず、自ら身銭を切って視聴者がコンテンツに接触してくれるメディア環境をつくりあげること。そして、自分たちに有利な環境ができ上がったら、さらに新たなビジネス分野をもとめて、そこから得られた利益をさらに投入して増殖してゆくことである。

フォックスの発展にとって、二〇〇〇年の大統領選挙は、大きな踏み台となった。ブリット・ヒュームを前面に立てて選挙戦報道を行い、結果としてブッシュ大統領の当選確実を、他に先駆けて報道したことが、ブッシュ共和党政権の関係者からは大きな好感を持たれる結果となった。逆に、出口調査などの活用によって、副大統領の優位性を見込んで、早々にゴア当選を全米に向けて放送し、これを最終的には訂正放送したネットワーク局の面目は丸つぶれとなったのである。また、二〇〇〇年大統領選挙あたりから、ＦＮＣは保守的なトーンが特に強いとの見方が出てきたのも事実である。

●フォックスゲート

自らをフェアでバランスのとれたニュースチャンネルだと公言し、それ自体がチャンネルの売り文句となっているフォックス・ニュースチャンネル（ＦＮＣ）にも報道の倫理を追及されるような事件があった。民主党大統領候補のケリー番だったカール・キャメロン記者によるマニキュア報道である。キャメロン記者は、ケリーの談話として、ケリーは爪にマニキュアを施してブッシュ候補とのテレビ討論会にのぞみ、その夜の討論もうまく運んで大変満足していると伝え、「私はメトロセクシュアルだ（女っぽい）が、（ブッシュは）カウボーイだ（男っぽい）」と、ケリー自身がそれぞれの候補を特徴づけたと報道した。

しかし、キャメロン記者の報道をそのまま受け止めてしまうと、大きな誤解をすることになるという事態が発生した。報道自体が捏造だったのである。『ガーディアン』（本社ロンドン）は、二〇〇四年一〇月五日（一九面）、非を認めたがらないＦＮＣにはめったにないことだが、まったくのでっちあげだったことを認めたと報じた。ＦＮＣの広報は、報道したキャメロン記者は、とても疲れていて、それに伴い判断を誤ったのであり、悪意はなかったと発表している。ケリーにマニキュアと「女っぽい」というイメージをラベルとして貼りつけることにより、戦時の米国を力強く牽引してゆくリーダーのイメージが傷つけられたことは確かだろう。

結局、この件について、キャメロン記者はお咎めなしとなり、驚いたことに、ブッシュ大統領再選後、ＦＮＣの大統領就任式報道特番と時期を合わせる形で、ホワイトハウスの報道キャップに抜擢されたことが番組中に紹介された。

ダン・ラザーのように、社会的に大きな責任を伴い、米国民から信頼を集めるアンカーが起こした不祥事と、このフォックスの一記者の信頼性を欠く報道とを比べることは無理があると指摘されるかもしれない。しかし、フォックスのこのような事例の指摘は、これだけにとどまらない。小さなことの積み重ねが、視聴者の物事に対するイメージを徐々に変化させ、いつか社会全体を大きく変えてしまうということはよくある。

今回のフォックスの報道を軽視することはできないと考える。ラザーゲートと同列で、フォックスゲートとタイトルをつけて紹介した理由がそこにある。

ニクソンを辞任に追いやったウォーターゲート事件報道三〇周年を前に、ジョージワシントン大学を訪れたカール・バーンスタイン元記者は、メディアの集中・統合によって質の高いジャーナリズムがみられなくなったことを嘆いた。『ワシントン・ポスト』『ニューヨーク・タイムズ』『ウォール・ストリート・ジャーナル』、それに『ロサンゼルス・タイムズ』くらいしか本来の報道機能を果たしていないと語った。バーンスタインの目には、テレビ報道は眼中にはないようだ。彼はこのような状況をつくった張本人は誰と思うかと出席者たちに聞いた。しばらくの沈黙の後、彼は何のためらいもなく、「フォックスだ」と言った。

政治色が売りのケーブルニュース

●はっきりした色分け

米国の新聞などにおいては、オピニオンやエディトリアル（社説）のニュアンスによって、保守的かリベラルかがおおよそわかる。選挙戦に関連すると、共和党色が強いか、それとも民主党色が強いかということになる。放送の分野においても政治的な色分けがはっきりとし、政治家も、どの局のどの番組が自分たちの政治色に近いかを明確に意識して接触するという状況が生まれている。二〇〇四年、七月と八月に開催された、各党の党大会関連報道では、三大ネットワーク局の取り組みが後退ムードにある中で、フォックス・ニュースチャンネル（ＦＮＣ）だけが、元気だった。特に、アテネ・オリンピック直後の八月末から開催され、ブッシュ大統領とチェイニー副大統領の再選に向けた決起大会と位置づけられたニューヨーク市での共和党大会関連報道では、ＦＮＣが、三大ネットワークを差し置いてトップに立った。

この躍進の背景を考えてみると、まずＦＮＣが、政治的な立場を色濃く出してきたことが大きな原因であるようにみえる。ＦＮＣのキャッチフレーズは「公正でバランスがとれたニュース」ということだが、これは看板と中味が少々違うと感じさせることもある。ＦＮＣを代表するアンカーのブレット・ヒュームをはるかに越えて、保守色を体全体から感じさせ、リベラルな動きに対してはとことん挑戦してゆき、叩きのめしてみせるビル・オライリーの人気が急上昇している。

エンターテインメント性、話題性、意外性を中心にし、選挙戦では、リベラルなものに対しとこととん挑んでみせる。有料のケーブルチャンネルで提供するコンテンツであるがために、言論・表現の自由度が三大ネットワーク局より高く、ニュースチャンネルという外見のままに、ニュース報道の感覚でみていると、言いがかりとも思えるバトルの展開に驚くことがある。

ケーブル視聴が七割近くにもなっている米国のテレビ視聴世帯では、政治色が色濃く反映されたケーブルコンテンツ用の番組が、視聴者の好みよって広く受け入れられるようになったとみることもできる。共和党大会中継において、ネットワーク報道の低調をよそに、FNCが保守色の強い放送をしたことが、視聴者獲得につながったというのが今回の躍進の一番の原因と考えられるが、これをサポートするデータとして以下のラスミュセン調査の結果をあげておきたい。

二〇〇四年六月一五日から一六日にかけて、投票することが見込まれる全米の一〇〇〇人を対象に調査を行なった結果である。傾向として示されたのは、FNCを視聴するおよそ六五%がブッシュ派、二八%がケリー派となったことである。また、FNCの好敵手となっているCNNについては六三%がケリー派、二六%がブッシュ派となっており、ケーブル・ニュースチャンネルの視聴者は、政治的な嗜好の違いによって、チャンネルを選ぶ傾向が強いことがわかった。(「フォックス視聴者はブッシュびいき」http://rasmussenreports.com　二〇〇四年九月二日オンライン)

また、ラジオ聴取に関しても同様の傾向がみられている。例えば、教育レベル、所得などが高い人々がダイヤルをあわせる傾向が高い、公共ラジオ放送局（National Public Radio＝NPR）の聴取者は六八%がケリーを支持しているのに対し、ブッシュ支持は二七%である。その一方で、クリスチャンラジオ局を視聴している人々は、七一%がブッシュ支持であり、二三%がケリー支持である。このデータだけですべてを語ることはできないが、政治的な嗜好が定期的に教会に通っているか、そうでないかに反映されていると指摘されている。連邦議会の改選に向けた投票については、FNCの支持者は共和党候補を好む傾向（五六％）があり、民主党に投票するという二五％を大きく上回った。一方、CNN視聴者は、民主党候補に五四％が投票すると回答しており、共和党への投票（二七％）比率を上回っている（前出）。

図3　ラジオホスト、リンボーの風刺漫画

「“つじつま”なんてへのカッパ」「まるで考えずにしゃべれるって話よ」

（ジョー・キング、『サンタモニカ・デイリープレス』）

なお、保守的なパーソナリティーで、リベラルなものに対して何事も酷評する向きのあるラッシュ・リンボー（**図3**）の番組聴取者は、ケリー支持（一一％）を圧倒的におさえてブッシュ支持（八五％）で固まるという傾向が出た点も興味深い。リンボーのみならず、保守的なラジオパーソナリティーのファンの多くが、イラク戦争の参戦に関わる大きな大義とされた、イラクの大量破壊兵器の存在について、調査委員会で存在が認められないとされた後も、その存在を依然として信じているという傾向がみられた（前出）。

認知的不協和理論から——ブッシュ、ケリー支持者の心理

コミュニケーション理論の中に位置づけられているものだが、認知的不協和理論をつかって、今回のブッシュ、ケリー支持者のメディア接触行動について説明を試みたい。認知的不協和を一言で表現してしまえば、人間は、自分にとっていやな光景はみたくないし、また耳に入れたくないことはできれば聞きたくないという点にゆきつく。この理論によれば、人は、もし、自分にとって居心地がわるくなれば、どこか自分の居心地のよいところはないか、新しい居場所を探すということである。私たちは、何かに対する思いや、人々の行動について、どうもしっくり受け止められないことがよくある。その場合、私たちがさまざまな行動を起こす際の重要な要素として考慮に入れておかなければならない点がいくつかある。

まず、ある人にとって気になる、または割り切れない思いを持つ社会的な事象があるとすれば、その問題がどれくらい自分にとって重要なのかが大きく自分の感じ方に影響する。何に優先度を置くかということである。次に、自分がどれくらい受け入れがたい情報に囲まれていて、それがどれほど自分の望ましい情報との関係において強弱があるかという点である。最後に、自分の気持ちの中に不協和音が発生しているのはなぜかという、理由付けがどれだけしっかりしているかという点である。以上の三つの要因をしっかり考える必要がある。認知的不協和理論では、これら三つの主要因に影響されて、私たちの行動が左右される傾向があるということをまず覚えておいて欲しい。

例えば、今回の選挙戦において、ある人々にとっては引き続き混乱が続くイラク情勢に対してどの

ように対処するのか、低迷する国内経済問題をどのように処理すればよいのかなど、いくつかの課題があげられたが、一般的に、有権者はメディアなどを通じて受け取る情報に頼りながら、どの課題が自分にとって大きな意味合いを持つかを考えてみるだろう。

例えば、イラク戦争後の復興支援段階において、イラク国内では待ち伏せ攻撃などによる米軍、イラク警察などへの攻撃が続き、大統領選挙期間中には、派兵米軍の死者が千人を超えるという日が訪れた。イラクへの復興支援について、米国の関わり方を変更すべきだと考える人たちにとっては、この問題は非常に大きな関心事となるだろう。一方、ブッシュ大統領、およびブッシュ政権を支持する有権者にとっては、目の前で起きている現象については確かによいニュースがあるわけではなく、メディアを通じて連日のように米兵の戦死報道が続けばこれを無視することはできない。そうなれば、新保守主義を貫くブッシュ政権をもっと肯定的なアングルからみてくれる人がいないかと思うようになるだろう。

ブッシュ支持者の心情についてさらに考えを進めてみると、これほどメディアを通じて社会的に批判があふれかえる状況になると、自分たちが日常的に受け取る情報の中で、長期化するイラク情勢とテロとの戦いという課題は、圧倒的な存在となる。そうなればなるほど、人々はもっと自分の好ましい情報へと向かう傾向が出てくるのであり、ひとつの結論にたどりつく。「一般の大手メディアは偏っている」という命題である。

これは客観的な命題ではない。ブッシュ支持を強く押し出している人々にとっての命題である。それが、ある人にとってしっかりとした理由づけになり得た場合、特に、人々は、自分たちのやるせない気持ちをわかってくれていると感じる保守的なトーンのメディアに向かっていったと考えられる。

図４　政治課題をめぐって有権者とメディア報道間で想定される状態

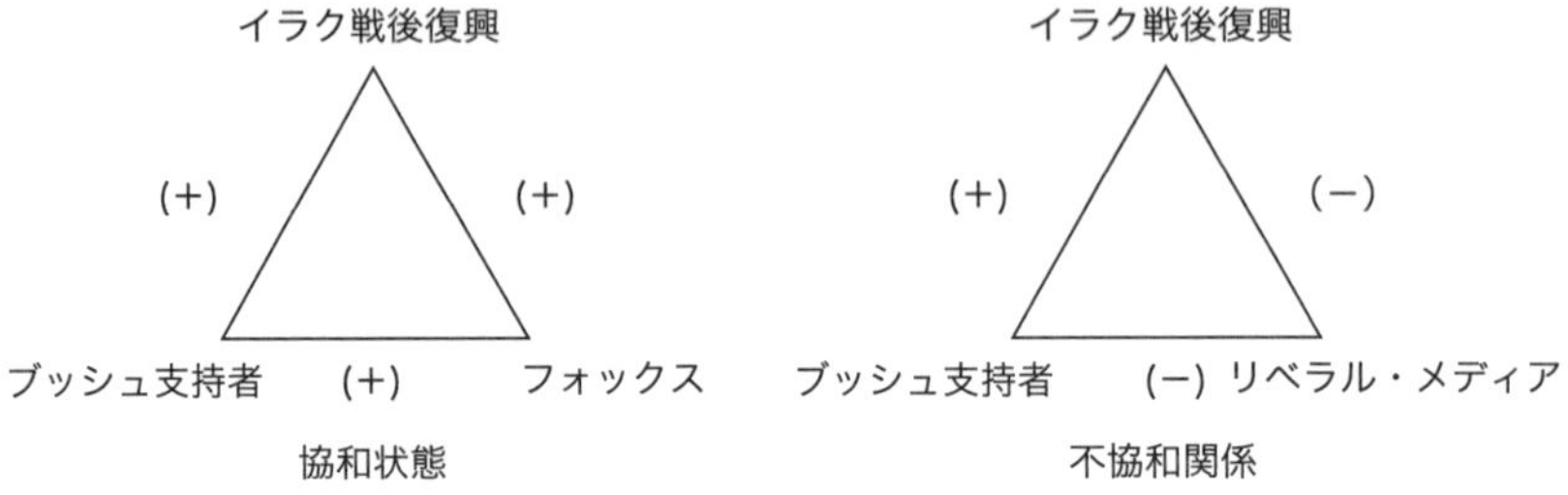

(+) は肯定的な見方、(−) は否定的な見方

R.B. Zajonc, "The Concepts of Balance, Congruity and Dissonance," Public Opinion Quarterly 24 (1960):280-286 をもとに筆者が再構成。

その終着点がフォックス・ニュースチャンネル（ＦＮＣ）であり、だからこそ保守的な考え方の人々の多くがＦＮＣを支持していたとみることは可能であろう。

具体的に**図４**で示してみると以下のようになる。協和状態をみてもらおう。イラク戦後復興について、ブッシュ支持者は肯定的にみたいという傾向がある。そこに、フォックス報道もそれに沿うような報道をしていれば、そこには協和状態が発生している。まさに、落ち着いた状態である。一方、ブッシュ政権の戦後復興についてネガティブなマイナスイメージの報道を行なうメディアをみているブッシュ支持者は、これらの報道に接するたびに割り切れない気持ちになる。結果として、メディア報道と視聴者としてのブッシュ支持者との間には不協和関係が生じる。

二〇〇四年大統領選挙報道では、ＦＮＣが過去から行なってきた保守的な報道が、保守支持の人々が協和状態を保てる「場」として熟成し、その結果として、大手のネットワーク報道を脅かすことになったと考えることもできる。ＦＮＣは、総じてリベラルで、現ブッシュ政権には批判的であった大部分のテレビ報道から、保守的な人々が離れるためのひとつの選択として確立されたとも言えるだろう。

さらに例としてあげてみるが、自分が嫌いな映画監督Aさんの作品には目もくれず、自分の好きな映画監督Bさんの作品ばかりみる人がいるとすれば、これは自分の中で選択して自分の気持ちが落ち着くものを選択していることになる。今回、米国がかかえる現実としてイラク情勢があり、ブッシュ政権のイラク政策に対する不満が、これに反対する人々の間に渦巻いていた。それは、「反ブッシュ」というひとつの合言葉も生んだ。しかし、この現実を大きく転換させることはできない。その現実から離れて、自分が好ましいとおもう、または共感を持てるものへの接触によって、自分の中での割り切れない気持ちがなだめられる。民主党ケリー候補支持者の多くがマイケル・ムーアの作品で、ブッシュ政権とイラク戦争への関わりについて批判する「華氏九一一」を好んでみた裏には、共和党ブッシュ政権、および長引くイラク戦争に対する批判の気持ちを重ね合わせることができたからだと考える。

一方、宗教的な信仰心を強くもつ、共和党のブッシュ支持者たちにとっては、マイケル・ムーアの映画はもとより、マイケル・ムーアすら見たくもないという気持ちがあるにちがいない。米国メディアの中では、マイケル・ムーアの作品には、痛烈なブッシュ政権とイラク戦突入への批判がみられるとして大きく取り上げられた。話題になればなるほど、ブッシュ支持者たちは、こんな作品などみるものかという気持ちが強まり、気持ちがむしゃくしゃする。だからこそ、むしろ、保守的考え方と共鳴するキリスト教的な価値観を再確認させてくれる、イエス・キリストの最後の瞬間を描いた、メル・ギブソン監督の作品「パッション（邦題）」(The Passion of the Christ) を好んでみたに違いない。

二〇〇四年の大統領選挙戦期間とオーバーラップするように、この二つの映画が公開された。そして、前に示したような傾向を証明するように、これら二つの映画鑑賞に関する異なる傾向がみえたことは興味深い。このヒット傾向は、実は日本人メジャーリーガー野茂がどのように米国社会に受け入れられていったかにも通じるものがあるように思われる。

野茂英雄、「華氏911」「パッション」そしてブッシュカントリー

二〇〇四年のメジャーリーグはイチローが驚異的なハイペースで安打を製造し、四年連続の二〇〇本安打という大記録を打ち立てた。今でこそ、米大リーグの日本人選手はあちこちでみられるようになったが、しっかりとした実績を残して、米社会に日本人大リーガーのイメージを定着させたのは一九九五年に近鉄バッファローズを離れてロサンゼルス・ドジャーズに入団した、「トルネード」こと野茂英雄であった。

野茂が米国のスポーツジャーナリストたちによってどのように報道されたかについて、一九九五年のルーキーシーズンを分析したことがある。野茂が当時プレーしたナショナルリーグ・チームの各本拠地で発行されている有力ローカル紙に注目し、野茂が登板した時にどのような報道がされているかについて調査した。当時、野茂は日本人メジャーリーガーとして興味本位の目でみられていた。当時の世相を振り返ると、日米貿易摩擦の最中であった。橋本龍太郎通産大臣（当時）とミッキー・カンター通商代表が日米自動車交渉で激しいやりとりを続ける中、米国にとって「日本」は、ある意味でネガティブなイメージがもたれる中での野茂の米国デビューであった。

野茂報道を分析する際に注目したのが、米国のジャーナリストたちは「日本」「日本人の」という言葉を使って野茂について記事を書く傾向があることで、その点について米国内で明らかな地域差が

あることをつきとめた。一般的に考えて、日本社会においてある人が、仮にマーク君というアメリカ人を「外人」、「アメリカ人」と受け取れば、マーク君は少なくともまだ距離を置かれた存在であることを意味する。しかし、その人が次第にマーク君に親しみをおぼえるにつれ、「マークというアメリカ人」というイメージは、「あのマーク君」へと変わるであろう。そうなった時、マーク君は異文化社会において、個人として認知されはじめたと考えることができる。

米紙の野茂報道調査の結果を端的に紹介すると、野茂は、地元ロサンゼルスやシアトルを中心とする西部では急速に受け入れられていった。これにニューヨーク、フィラデルフィアを中心とする東部が続いた。最後は、ピッツバーグやシンシナティーを含む中部エリアで、一番長期にわたって野茂を「ジャパニーズ」と区別して扱う傾向が強かった。この調査結果は、一面的ではあるが、広い国土にわたる米国において、保守的な傾向が中部に根強いことを示したと言える。

ここで注目されるのは、野茂が早いスピードで受け入れられた西部と東部で、マイケル・ムーアの「華氏九一一」も人気を集めている点である。『ニューヨーク・タイムズ』(二〇〇四年七月一三日)によると、「華氏九一一」はニューヨーク、サンフランシスコ、シアトル、ロサンゼルス、ワシントン、ボストンなどの東・西海岸都市や、中部であってもシカゴやミネアポリス・セントポールなどのリベラルだとされる大都市を中心にヒットしている。野茂を受け入れるに際し保守的な傾向をみせた中部はマイケル・ムーアの映画を歓迎していない。

これとは対照的に、敬虔なクリスチャンで「リーサル・ウェポン」シリーズで有名になったメル・ギブソンが監督として莫大な私財をつぎ込んで制作した、イエス・キリストの最後の一二時間、「受難」を描いた「パッション」が、中部ではヒットする傾向をみせた。米国の中部は宗教的にも保守的

図５　民主党のロバと共和党のゾウを使った風刺漫画

「呉越同舟」

（ジム・ホープ、『カルペパー・ニュース』）

な傾向がみられ、大統領選挙にもこれが反映されたと考えられる。つまり、東・西海岸地帯は傾向として民主党色が強く、中部は大都市を例外として、一般的に保守的な共和党色が根強いということになる。「ボーン・アゲイン（回心）」クリスチャンとしてアルコール依存から立ち直ったブッシュ大統領の生育史も、宗教的な意味でブッシュ大統領が保守層からの支持を集める源になっていると解釈できる。

　折しも二〇〇四年八月の共和党大会の二日目に「パッション」のＤＶＤが発売されることになり、共和党大会の模様について報道するケーブル局では中継の合間に大々的なコマーシャルが流され、共和党大会の保守的なイメージが強化されたことも特筆しておきたい。保守的で、キリスト教の価値をベースに置く人たちにとって、共和党は自分たちの党だと感じさせるに十分な広告投下効果があったに違いない。二〇〇四年の年間ＤＶＤ売り上げでも、「シュレック２」（三億七七〇〇万ドル）、「ロード・オブ・ザ・リングズ――王の帰還」（三億一〇〇〇万ドル）に続いて、「パッション」が第三位の二億四五〇〇万ドルの売り上げを記録している（『ＷＰ』二〇〇五年一月二三日Ｎ３）。

　この分析は米国を単純に地域によって色分けしようとするものではない。民主党と共和党支持の違

図6　ブッシュカントリー――2004年大統領選の結果――

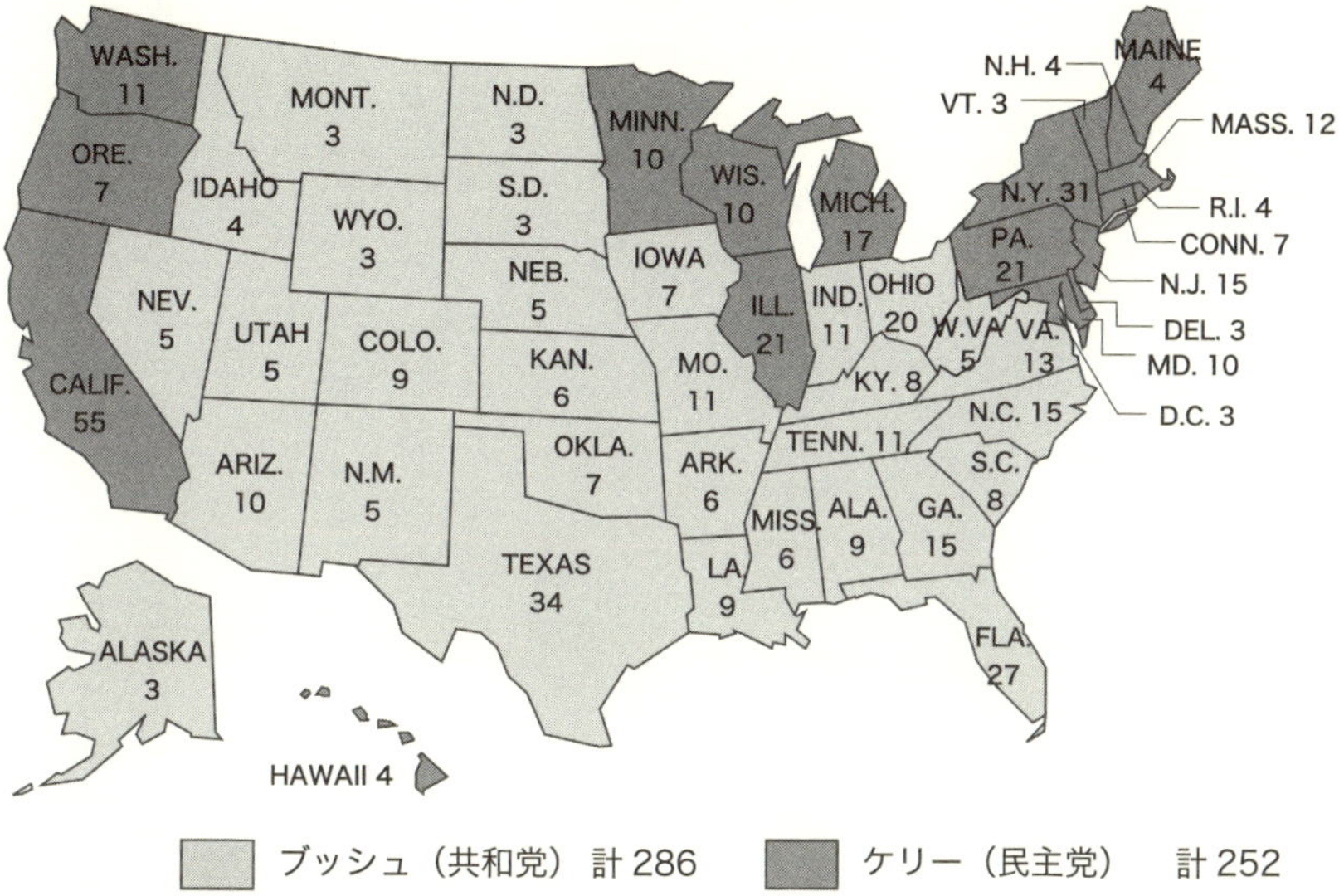

いは、都市部（リベラル）か、または郊外（保守的）かによっても違いをみせている。野茂報道の分析の時に得た結果を、映画ヒットと米大統領選挙に投影させながらみてきた。米国メディアでは、保守色を前面に押し出すケーブルのフォックス・ニュースチャンネル（FNC）が台頭し、保守的な報道に飢えていた視聴者から絶大な支持を集めた背景のひとつがここにあるとみられる。

民主、共和両党の党大会では、二つの切り離されたアメリカはない、我々はひとつだというメッセージが繰り返し送られたが、現実には、米国社会では保守とリベラルを軸にした二つのアメリカが存在し、大統領選挙後もこの溝は埋まりそうにないと感じさせる。選挙戦を通じて優劣が伝えられたが、選挙結果をみるとロバを象徴とする民主党（シンボルカラーは青）とゾウをシンボルとする共和党（シンボルカラーは赤）（**図5**）がくっきりと分かれている。

しかも、選挙戦術に長けているとされる共和党のカール・ローブ大統領特別顧問などの戦略が功を奏したとも言われており、全米は、沿岸部とかつて南北戦争を戦った北部エリアを除いて真赤である。ブッシュ支持の人々はこの真赤に塗られた地域を誇って「ブッシュカントリー」と呼んでいる（図6）。

Ⅳ　ブッシュ再選、そして二〇〇八年大統領選へ

ネットワーク局の開票速報

二〇〇四年一一月三日、時計は米国東部時間の午後一二時を回った。前日に投票が行われた米大統領選挙は、三日に入っても当選が確定せず、ただ時間だけが過ぎていた。正午すぎに動きがあった。民主党候補のジョン・ケリー上院議員が、敗北を認める会見をするというニュースが飛び込み、現職のブッシュ大統領が二期目を担当することが決まった。一一月二日夜に開始された開票作業は、前回投票用紙の不備から大混乱を招いたフロリダ州を共和党ブッシュ候補が制し、深夜まで順調に進んだが、勝敗の鍵を握る注目の激戦州オハイオ（選挙人二〇人）で問題が発生した。ブッシュのリードで迎えた開票作業の終盤で、暫定投票数が最終的な勝敗に影響を与える可能性が出たことから、全米は騒然となった。前回選挙で混乱が生じたフロリダ州に続き、今回もオハイオ州で開票をめぐる混乱が起きるのではないかと全米の人々が心配を始めたのである。

これに拍車をかけたのがオハイオ州ブラックウェル州務長官による三日午前二時すぎの会見であった。暫定投票とは投票日の当日に有権者として名簿への記載がなくとも、仮に投票ができるという制

度で、長官は投票資格の確認には一一日かかり、その後に獲得投票数をカウントすると発表した。この時点で大統領当選が確定するまでには長期間の忍耐が必要との空気が流れ始めた。このような情勢の中、ケリー候補は側近と投票数について詳細な分析を進め、一一月三日昼前までに自ら敗北を認めることとし、ブッシュ大統領に電話で祝意を告げた後、地元ボストンで支持者を前に演説を行った。ここでは今回の大統領選挙に関連したメディア報道について特徴的だった点を取り上げたい。

●慎重だった当確報道

今回の大統領選挙戦報道では、CBS、ABC、NBCの三大ネットワーク局、それにFOXのネットワークテレビをあわせた四局とケーブルテレビのCNN、フォックス・ニュースチャンネル（FNC）、MS・NBCなどが、中心的な存在となった。

まず、開票速報番組の中で特徴的にみられたのが各州の選挙人獲得確定に関する速報判断について慎重を期した点である。二〇〇〇年報道の際、判断の根拠となったのは出口調査結果データだったが、これに不備があったことなどが、判断を誤らせたとされている。また、フロリダ州は東部時間と中部時間が混在しており、東部時間の投票が終了した段階で、フロリダに選挙人獲得確実の情報が出されたことで、まだ投票の最中にあるフロリダの有権者に不適切な情報をもたらした可能性があるとも指摘されている。このような反省を受けて、今回の報道に臨んだ各社は、失敗を二度と繰り返さないことを常に念頭に置いていた。最も肝に銘じたのは、投票終了の時間が来るまでは、絶対に各州での選挙人獲得が確実という情報は流さないということであった。また、各局選挙速報本部の首脳は、開票速報を担当するアンカーやアナリストに対し、どの州においても、何らかの未確定要素が存在する限り、確実情報は出さないようにと指示している（『NYT』二〇〇四年一一月二日A23）。

投票日当日、ネットワークテレビ各局の開票速報報道は、フォックスの東部時間午後八時台の放送を例外として、午後七時台から始まり、投票開始から終日選挙報道を続けてきたケーブル局のCNN、MS・NBC、そしてFNCなどに合流する形で、二〇〇四年の速報が全米に向けて本格的に始まった。当日の午後七時台から録画した各社の選挙特別番組をもとに報道の状況を振り返ってみたい。

CBS、ABC、NBCの三大ネットワークでは、午後八時までに、ジョージア、インディアナ、ケンタッキー、ウェストバージニアなどの六州をブッシュ候補が制し、一方のケリー候補は地元マサチューセッツ、中西部の大都市シカゴを抱えるイリノイ州など六州と首都ワシントンの選挙人を獲得したと報じた。しかし、これまでであれば早い段階で判断を下してもよいとみられるサウスカロライナやノースカロライナなどについても時間をかけて慎重に判断しようとしている雰囲気が感じられ、選挙人獲得確実についての放送画面表示やアナウンスについては、前半から非常に慎重で、画面のむこうにいる各局の選挙担当デスクがいつになく緊張している雰囲気が伝わってきた。

●フォックスが主導

前回二〇〇〇年選挙で、フロリダ州への選挙人獲得判断で失敗した三大ネットワークテレビの慎重な判断傾向は、深夜近くまで続き、ほぼ一線で、横並び状態が続いた。この均衡状態を打ち破ったのがFNCであった。日付が三日に替わった午前零時四一分、FNCは激戦州フロリダ州をすでに制したブッシュ陣営が、再選への決定打となるオハイオ州で勝利確実との情報を流した。午前一時を回って、前半戦の報道では非常に慎重だったネットワーク局のNBCがこれに続いた（『WP』二〇〇四年一一月四日C1・7）。

これに対して、ABC、CBS、CNNなどは非常に慎重だった。今回の報道用に特に用意されたのが、「接戦のため判断できず（too close to call）」の画面表示、またはアナウンスであった。つまり、選挙人獲得確実の報道で他局を抜いて一番になることが大事なのではなく、時間をかけても、手堅く、王道的な判断をすることが、今回の開票速報では重要との姿勢が貫かれたのである。今回の大統領選挙開票報道では、投票直後の有権者からデータを集めて予測を立てる出口調査の信頼度低下現象がことさらめだった。前回の大統領選挙の開票速報でも出口調査結果には疑問符がつけられたが、今回はその疑念をさらに増幅させる結果となった。

平日午後四時半からの政治トークライブショーの「CNNクロスファイアー」でホストを務めていた共和党支持のタッカー・カールソンは、「出口調査は役に立たなかったし、報道に逆効果をもたらすことすらある」と厳しい評価を下している（『WP』二〇〇四年一一月四日C7）。

●NBCのジレンマ

NBCは、早々とブッシュのオハイオ獲得を報道したことで、時間の経過とともに、その後の開票速報において大きなジレンマにおちいった。選挙人二〇人を擁するオハイオ州が、開票速報の最終局面においてブッシュ再選の命運をにぎる唯一の州となっていたことがマイナスに働きはじめた。大統領当選を確実にする選挙人獲得数は二七〇だが、NBCがオハイオ州（選挙人二〇）の獲得をブッシュとした段階で、残りのどこか一州を獲得したと報道するだけで、すでにNBCはブッシュ再選の報道に踏みきらねばならない状態に置かれてしまっていた。例えば、三日午前三時から四時にかけて、オハイオ確実の報道を手控えたABC、CBS、CNNなどは、ネバダ州（選挙人五）をブッシュ候補が制したと報道できたが、NBCはこれを意図的にしなかったとみられる。むしろ、できなかったという方が正確であろう。またこの時点では、冒頭で指摘したオハイオ州の暫定投票処理の問題が浮上し、投票結果の確定に一〇日以上がかかると指摘されはじめたため、オハイオでのブッシュ勝利に対する確信自体が揺らぎ始めた。

投票翌日の朝が来ても動きはなく、選挙結果確定まで長い時間が経過するとみられていた正午前に、冒頭でも指摘したケリー陣営敗北宣言の流れが出てきた。NBCの選挙報道アンカー、トム・ブロコウは長期戦が予測される中で仮眠をとっている際に、この知らせを聞き、急遽朝番組「トゥデイ」に出演した。ブロコウは、オハイオ大学卒業のモーニング・アンカー、マット・ローアーから「寝ている間に大きな動きがありましたよ」と水を向けられた。ブロコウはオハイオ州をブッシュ候補が獲得したと報道したことがもとで、NBCはその後身動きがとれなくなった経緯と理由を熱心に説明した。同時に予想したよりも早く、ブッシュ候補のオハイオ勝利が確実とされることになり、結果として信頼性の象徴である「NBC報道」の威厳を保つことができたことに胸をなでおろしている様子も表情からみてとれた。すでにアンカーとしての引退を二〇〇四年一二月と表明していたブロコウは、今回が最後の大統領選報道担当となった。

モラルバリュー――同性愛、妊娠中絶

ブッシュ再選が決まった翌日から、メディア自身が取り上げ始めたキーワードがある。「モラルバ

リュー」である。その大部分は、キリスト教的な価値観と大きく関わるように解釈されている。福音主義の価値観に立つクリスチャンは、毎日の祈りの中で、神が祈りを聞き、それに答えることを信じている。

「モラルバリュー」の概念は大変あいまいだが、神の国と義のもとに、イラク戦争、テロとの戦い、経済問題など、いかなる難題も、神への祈りの中でその道が示されると信じている人たちのことをメディアは大きくとりあげた。自分たちと同様に、クリスチャンとして聖書を愛読し、祈りをささげるブッシュ大統領以外に投票すべき人はいない、というのが福音（Good News）を信じるクリスチャンたちの結論であり、これが一枚岩になった時、接戦とされた大統領選挙を最終的に押し切る原動力ともなった。中絶の問題についても、ブッシュ大統領は反対の立場を示しており、また同性愛による結婚はもちろん認めない。ケリー候補が同性婚を支持したことについては、信仰上の理由から許されないとして、ますますブッシュ再選に向けて結束していったと考えられる。

ブッシュ勝利の理由には、選挙キャンペーン戦術に長けたカール・ローブ大統領特別顧問の裏での活躍もあげられるだろう。しかし、それ以上に、ブッシュ大統領のキリスト教的な信仰が今回の再選を実現する鍵になったことは言うまでもない。

大統領選挙期間中、筆者は、福音的な立場をとる、ミシガン州のクリスチャン家庭を訪問することがあった。その家庭は、もちろんブッシュ支持であり、また現代メディアはリベラルすぎるので、もっと福音主義的な立場から書かれた、雑誌やニュースレターを読むべきだと勧められた。論理的な発想を超えた、信仰をもとにした価値観が息づく地域を目の当たりにした思いであった。結局ミシガン州は、映画監督マイケル・ムーアの故郷があるデトロイト近郊のフリントなどの経済問題なども紹介され、民主党有利のムードがあったが、最終的には接戦となり、ケリー五一%、ブッシュ四八%で、ケリーが勝利している。

確かに、ケリー上院議員を擁して戦った二〇〇四年大統領選挙は、マイケル・ムーアの反ブッシュ映画効果や民主党カントリーと言われるカリフォルニア州のハリウッドからエンターテインメントの達人や映画スターなどを動員することで、イメージ選挙はうまく展開できたように思われていたところもある。しかし、逆に、このような動きを、戦時における大統領を選ぶというコンテクストの中に置いてみると、「ケリー陣営はうわついている」と有権者に評価させるような戦術が共和党選対本部から繰り出されて、民主党のポピュリズム・ムードに水をさした。二〇〇四年七月のボストン民主党大会では「アルマゲドン」（一九九八年）に主演したベン・アフレックが、ケリー上院議員の側に寄り添い、選挙遊説にも同行して、ハリウッドの雰囲気を持ち込み支持者の関心を集めようとした。一見はなやかにみえるが、アフレック本人は、自分が人寄せパンダなのだという気分を周囲に撒き散らしており、自分がハリウッドのスターとして人々を誘引する役割さえ果たせばよいということに終始した。

総体として、選挙戦を通じて、ケリー候補が具体的に何を訴えたいのかが最後までみえにくい展開であったことも終盤の伸びが押さえ込まれる原因になったとみられる。マイケル・ムーアの映画効果もあって前半戦は「反ブッシュ」の大洪水にみまわれた共和党陣営も、選挙戦終盤で、ケリー候補に対するネガティブな攻撃がじわじわときはじめたと考えており、「決断をすぐに翻すような人物で信頼できない」というメッセージをこめた個人攻撃的な選挙広告が、ブッシュ支持者グループから大量投入された。

政権党にある共和党サイドは、攻撃された時に防御できる体制を持つだけでなく、必要であれば自ら攻める戦略を終始貫いた。「ターミネーター」シリーズで俳優として不動の地位を築き、カリフォルニア州の共和党知事に転身したアーノルド・シュワルツェネッガーが、共和党大会ではブッシュ大統領の応援演説に立った。名文句となった「アイ・ウィル・ビ・バック」をスピーチに折り込み、大会ムードの盛り上げに大きな役割を果たした。それと同時に、しっかりと「ケリー候補はなよなよとしている」というメッセージを残して演壇を去っていった。この国は、テキサスの荒馬を乗りこなすようなカウボーイスタイルの、無骨なブッシュ大統領に任せるべきとのメッセージを発信していったのである。

音楽業界では、大御所のブルース・スプリングスティーンらが中心になり、反ブッシュ・コンサートを投票前の一〇月に開催することも話題になった。今回の選挙戦は接戦だけに、浮動票をどれくらい獲得できるかが勝敗の分け目になるとして、ミュージシャンたちが民主党大統領誕生のために一致団結したとみられる。このような政治を舞台にしたエンターテインメントの取り込みは、メディアを通じて人々の関心を政治に向ける役割は果たすだろうが、投票行動を変えることはむずかしいという研究結果も得られている。そうであれば、政治的な関心が高まった有権者にしっかりとした、政治メッセージを伝達する選挙キャンペーンを展開することが必要になるのだが、うまく運ばず、ケリー候補の力不足が最後まで印象に残る選挙であった。

大統領選後、テレビのみならず、新聞メディアもこぞって、モラルバリューについて真剣に考え始めた。例えば、現在のニュース報道に関わる人材の中に、政治記者はたくさんいるが、宗教記者がどれくらいいるかと考えると、本当に一握りであろう。しかし、今回の選挙戦では、イラク戦争、テロとの戦い、経済低迷以上に、重要な位置を占めたと評価される「モラルバリュー」について、CNNはある程度注意をはらったようにみえるが、他のテレビメディアはほとんど考えなかったに違いない。その一方で、多くのメディアがリベラルすぎるというレッテルを貼られることによって、メディア自身の居場所がどんどん、狭められていったようにも思う。

規制緩和と言論の自由

揺れ動くアメリカという表現を冒頭で取り上げた。共和党政権下では、規制緩和を加速させる方向に向かう傾向がある。ブッシュ政権になって、歴史上最大となるタイムワーナーとアメリカオンラインのメディア合併がスムーズに認められたことも指摘した。規制緩和の中で、必ず叫ばれるのが経済効率である。これまでネットワーク局が担ってきた長時間にわたる党大会中継をケーブルが担当してくれる時代になったと高をくくって、縮小計画の末に捻出した時間帯に広告がとれる娯楽番組などを放送する道を模索したのも、すべて市場原理主義に基づく行動である。

同時に、テレビ局は、連邦政府から規制を受ける立場にある。市場原理主義に基づいて、経済効率性を追求するためには、時の政権にとって好ましく思われる必要がある。放送事業者たちで組織する全米放送事業者連盟(National Association of Broadcasters＝NAB)がロビー活動に関わることで、時の政権に対して影響力を行使し、時には政府にとって好ましいとみられるアクションをみずからとることもあるだろう。しかし、これが言論活動を行なうメディア機関の倫理的な許容範囲に照らしてどれくらいの幅で行なえるかという命題がついて回る。このラインをすっかり超えてしまったのは、フォックスであることはまちがいない。一般の大手マスコミでは、フォックス・ニュースチャンネル（FNC）は政権党のためのメディア機関である、と酷評する向きもある。

民主主義の土台としての言論・出版の自由については、生涯リベラルメディアと言われる『ニューヨーク・タイムズ』を筆頭に、全米各地で、新聞や出版業界が中心となって、現体制を批判し、よりよい社会の実現を訴えて頑張るメディアもある。しかし、テレビメディアについては、さまざまな規制が関わることから、このような自由度がかなり制限されている。特に、今回の大統領選の時期に呼応するように放送するコンテンツについての罰則や罰金についての判断が矢継ぎ早に下され、また議会の決定によって罰金額も大幅に増額される運びとなるなど、パウエルFCC委員長のもとでは、かなり厳しいコンテンツ規制が行なわれるようになった。テレビネットワークは、ニュース、スポーツ、ドラマに至るまで総合的な番組を提供しており、放送免許を八年ごとにつつがなく更新するためにも、社会的な問題は起こしたくない。しかし、経済効率をあげようとすると、視聴者の興味や関心をひく、視聴者刺激型の戦略をとることになり、ますます、放送する番組コンテンツに対する規制を気にしなければならないという矛盾に直面する。

規制緩和に助けられ、市場拡大と資本の効率的運用という論理によって、米国民の信頼を集めてきたネットワーク局は大きく変容してしまった。ネットワーク局とそれにつらなる系列局は、現在、放送のデジタル化に向けて動いている。真のジャーナリズムが生き残ってゆくかどうか、という問題の前に、いかにしてテレビ放送事業体として将来を見通しながら生き残ってゆくか、頭がいっぱいだという印象が強い。

このボタンの掛け違えはいつから始まったのか。米国の偉大な大統領と言われるレーガン大統領からである。一九八〇年代半ばのフォックス・ネットワーク誕生に対しても、時の共和党政権は、大変寛容な政策によってこれを助けたとみられる。さらに、規制緩和により、資本の論理が先行し、純粋なジャーナリズム機関ではないことをネットワーク局が受け入れざるを得ない状況もできた。このようにして、米国のテレビメディアは、資本として独立したジャーナリズム機関という存在をあきらめはじめ、巨大な資本に身をゆだねることにした一九八〇年代後半から「言論の不自由」を抱え込んだといえる。

現在、ABCは娯楽産業大手のディズニー傘下にある。NBCは電機メーカーのゼネラル・エレクトリック社の下にある。CBSは、一九九〇年代半ばには重電機メーカーのウェスティングハウス社の下にあり、さらにこれがビデオレンタルや映像コンテンツ制作などで成功したバイアコム社に買収されて、その傘下に入った。それぞれの親会社は、言論活動とは違った次元でさまざまな産業活動を続けているし、多額の政治資金を、自らの支持する政党や政治家に拠出している。これらは、すべて自らの事業の利益を生むために、将来有利な環境をつくるために他ならない。

大統領就任式は、二〇〇五年一月二〇日、前代未聞の四〇億円という史上最高の経費をかけて挙行された。イラクに派兵している米兵のこと、戦時下の国内情勢を考えれば、縮小すべきではないかとの声を振り切って盛大に行なわれた。「民主主義を祝う」イベントとして実施するのだ、とブッシュ大統領は発言している。さらに、ブッシュ大統領は、大統領当選直後に「(自分は) 政治的なキャピタル（資本）を手に入れた」と発言している。市場には、勝ち負けしかない。自分の側につくのか、それとも敵となるのか。このロジックにそって、行動する現ブッシュ政権の態度ははっきりしていて、わかりやすい。

表5　有権者はネガティブな選挙広告に嫌気
前向きなメッセージには好感度が高く、ネガティブ・メッセージは嫌われる

順位	テーマ	作成	好感度	
1	ミドルクラスのために	ケリー陣営	6.02	好感をもつ
2	仕事がふえる経済を	ブッシュ陣営	5.93	
3	彼の心よ	ケリー陣営	5.63	
4	国を守ることが厳粛なつとめだ	ブッシュ陣営	5.54	
5	より安心できる、強い国家を	ブッシュ陣営	5.51	
6	ヘルスケアに大きな国家はいらない	ブッシュ陣営	5.40	
7	ケリーは風まかせ	ブッシュ陣営	4.84	反感を感じる
8	ケリーこそ（ジョン・エドワーズ）	ケリー陣営	4.78	
9	ブッシュのヘルスケア・プランはうそっぱち	ケリー陣営	4.75	
10	チェイニーはイラク戦争でもうけている	ケリー陣営	4.68	
11	泥沼のイラク戦争	独立グループ	4.62	
12	医療保険を引き上げたブッシュ	ケリー陣営	4.61	
13	ブッシュの軍務に疑惑あり	独立グループ	4.56	
14	ケリーのベトナム戦争での功績はまやかしだ	独立グループ	4.28	
15	中絶問題をケリーにまかせていいんですか	ブッシュ陣営	4.07	

好感度＝1点〜10点。5点以上＝好感をもつ。5点以下＝反感を感じる

『USAトゥデイ』、2004年9月27日15A。オハイオ有権者35人を対象に調査。

ネットワークテレビ局は、どちらのサイドなのか。そのような問いかけを、されても困るだろう。就任式で、専制政治の打破という、妥協なしの崇高な理想を打ち上げたブッシュ大統領に後退という文字はない。現在、米国のメディアは常に、国益という概念と向き合わされている。国益に反する場合、緊急事態の場合、言論の自由は制限されることがある。また資本の論理によって、一年に日本円で一〇億円を越えるサラリーを受け取り、ある意味では名士として社会から注目されるニュースアンカーに、本当の信頼性という文字が似合うのか。国のために祈り、国をリードする大統領のために祈り、自分の経済的状況は、神の手に任せた人々がブッシュ再選を支えた米国では、二〇〇八年に向けて、すでにさ

USA TODAY · MONDAY, SEPTEMBER 27, 2004 · 15A

Kerry-Edwards

1. "Time": Kerry makes case that "it's time" for a president who will fight for the middle class. **Ad Meter score: 6.02**

Bush-Cheney

2. "Agenda": Bush lays out his goals for a "more job-friendly" economy. **5.93**

Kerry-Edwards

3. "Heart": Kerry's wife, daughter Vanessa and Navy buddies flesh out his biography. **5.63**

Bush-Cheney

4. "Solemn Duty": Bush says his most "solemn duty" is protecting the nation. **5.54**

Bush-Cheney

5. "Safer, Stronger": Images from Sept. 11 remind voters of Bush's actions after that tragedy. **5.51**

Bush-Cheney

6. "Healthcare: Practical vs. Big Government": Bush ad lays out his health care plan, then attacks Kerry's. **5.40**

Bush-Cheney

7. "Windsurfing": With biting humor, Bush ad says Kerry goes "whichever way the wind blows." **4.84**

Kerry-Edwards

8. "Three Minutes": Sen. John Edwards says "no one is better prepared" to protect America than Kerry. **4.78**

Kerry-Edwards

9. "Not True": Kerry ad charges that Bush's ad on health care is just "not true." **4.75**

Kerry-Edwards

10. "Cheney/Halliburton": Kerry ad jabs Cheney for having a "financial interest" in defense contractor Halliburton. **4.68**

MoveOn PAC

11. "Quagmire": MoveOn PAC ad shows actor/soldier sinking in sand, evoking image of a "quagmire" in Iraq. **4.62**

Kerry-Edwards

12. "Immediate Help": Kerry ad skewers Bush about large increase in seniors' Medicare costs. **4.61**

Texans for Truth

13. "AWOL": Texans for Truth ad shows former National Guard officer questioning Bush's service in Alabama. **4.56**

Swift Boat Veterans for Truth

14. "Any Questions": Swift Boat Veterans for Truth ad accuses Kerry of lying about his actions in Vietnam. **4.28**

Bush-Cheney

15. "Family Priorities": Bush ad asks whether Kerry's priorities on abortion issues "are yours." **4.07**

『USAトゥデイ』、2004年9月27日15A

まざまな思惑が動き始めている。

テレビネットワーク局をはじめ、映像と音声を伴うメディアには、選挙を戦う候補の真の姿を紹介し、候補者からは有権者にとって確かな評価基準を引き出すために、地道な報道を心がけてもらいたい。各党の選挙関係者には、選挙戦で、接戦州に莫大な広告費を投下する余裕があるのであれば、もっと違った形の、よりよい選挙キャンペーンの道はないものかを考えて欲しい。米国では、プロフットボールの試合に象徴されるように、勝つためにはありとあらゆる戦術を駆使し、とにかく力で正面からぶつかりあうことが多い。インターネットメディアが政治と結びつく有効なツールになるとわかったとたん、両陣営が政治的な利用に走りはじめ、多様な発言が展開される理想郷とされたネット空間においてさえ、限られた人々の主張に席巻されてしまうという傾向もみられた。インターネットのマスメディア化である。ネガティブな選挙キャンペーンだけはもう見たくないし、このような非生産的なただ、なにかを破壊することを繰り返すような行為は見たくないというのが実感である（**表5**）。

米国が大切にしてきた、テレビネットワーク局の客観報道、調査報道は崩壊寸前であるようにみえる。話題性やエンターテインメント性との距離を置くこと、企業としての経済効率論理から離れることが不可能な状況にある米国のテレビネットワークは、二〇〇八年報道で、再び骨抜きの報道を行い、ただ衰退してゆくのか。保守メディアのＦＮＣはさらに社会的な注目と関心を集めつつ、さらに次の選挙でも、保守層の引き締めと、共和党政権のために機能して万全の発展軌道に乗るのか。ジャーナリズム活動と資本の論理、それに政治との関わり方を、一般市民も注視し、警鐘を鳴らすようにしなければ、ブッシュカントリーのデバイドはますます溝を深めることになる。

あとがき

二〇〇四年米大統領選挙が本格化した時期に、筆者は、アメリカの首都ワシントンDCで、国際ジャーナリズムと国際コミュニケーションの分野を専門とするフルブライト研究員として、滞在することができた。本書は、そこで肌で感じた今回の選挙戦を、テレビ報道に注目してまとめたものである。二〇〇四年七月から二〇〇五年三月まで、筆者が研究室を開設したジョージワシントン大学は、ホワイトハウスまで東に三ブロック、国務省まで南に二ブロックの位置にあり、日々、米国政治と政治ジャーナリズムの息吹を実感できた。

ワシントンが政治の街であることを肌で感じながら、『ワシントンポスト』『ニューヨークタイムズ』『ウォールストリートジャーナル』に目を通し、またCNNの視聴者参加番番組「クロスファイアー」にもたびたび足を運ぶうちに、二〇〇四年大統領選挙を裏で取り仕切る人々の素顔や選挙キャンペーンのロジックを身近で感じとれた。私自身、一九八〇年代に、日本で政治報道や選挙報道にも携わった経験があり、当時、米国のジャーナリズムの気骨を感じていただけに、政治と政治ジャーナリズムがクロスするワシントンDCで自分の感じたことを書いておきたいと思うようになった。

「日本でも二大政党制が喧伝され、テレビ、ラジオ、インターネットなどを活用した選挙キャンペーンが、米国同様、いっそう加速することも考えられる」。本書の出版の意義について花伝社の柴田章編集長がくださった激励のコメントである。大統領選挙とメディアのありようについて、日本でも、近い将来、同じような状況がみられはじめるに違いないと思う。米国のテレビ・ジャーナリズムとこれを支えるテレビ産業の足腰が弱っていることをみるにつけ、この点において筆者としては、日本で、同様の状況が起こらないことを望むばかりである。

本書の執筆を終えて思うのは、メディア資本の流入とジャーナリズムが同居することは避けて通れない今日の状況にあっても、ジャーナリズムの「良心」と「良識」を砦として守ることがいかに大切かという点である。これを核として、社会の問題や腐敗構造に切り込んでゆく限り、一般の視聴者や読者は、ジャーナリズム活動に理解を示してくれると信じている。そこに、少しでもよどみが生じれば、政治的な圧力を受けるすきをつくることになり、また一般市民からの信頼性を損なうことになるだろう。ジャーナリズムのあり方を守るのは、実は人間関係を支える基本である「信頼」につきると感じている。

二〇〇四年一一月には『月刊民放』に、また一二月には『新聞通信調査会報』に、大統領選挙キャンペーンとメディアについて寄稿した。今回、本書をまとめるにあたり、これらを草稿として使わせていただいた。執筆の過程では、米国の放送史と制度研究の第一人者である、ジョージワシントン大学のクリストファー・スターリング教授にアドバイスをいただいた。最後に、本書を送り出すにあたり、多大なるご支援をいただいた花伝社の平田勝社長、柴田章編集長に、特に御礼申し上げたい。

二〇〇五年四月

金山　勉

金山　勉（かなやま　つとむ）
上智大学文学部新聞学科助教授
1960年生まれ。テレビ報道記者、スポーツ実況アナウンサー、イブニングローカル・ニュースワイド「TYSニュース6」のキャスターを経て、1991年に渡米留学。1998年にオハイオ大学テレコミュニケーション学大学院博士課程修了（マスコミュニケーション学博士）。2004－05年フルブライト客員研究員（ジョージワシントン大学）。

主な業績
「技術のインパクト――オンラインジャーナリズム」（『現代ジャーナリズムを学ぶ人のために』世界思想社、2004年、所収）
『やさしいマスコミ入門』（共著）勁草書房、2005年
"The Sony Corporation: A Case Study in Transnational Media Management", *The International Journal of Media Management* 4(2), 2002.

ブッシュはなぜ勝利したか

2005年4月20日　初版第1刷発行

著者 ――金山　勉
発行者 ―平田　勝
発行 ――花伝社
発売 ――共栄書房
〒101-0065　東京都千代田区西神田2-7-6 川合ビル
電話　03-3263-3813
FAX　03-3239-8272
E-mail　kadensha@muf.biglobe.ne.jp
URL　http：//www1.biz.biglobe.ne.jp/~kadensha
振替 ――00140-6-59661
装幀 ――神田程史
印刷・製本 ―モリモト印刷株式会社

ISBN4-7634-0440-7 C0036